U0159106

电力技能人才等级评价
实务操作手册

国网山东省电力公司 编

中国电力出版社
CHINA ELECTRIC POWER PRESS

内 容 提 要

《电力技能人才等级评价实务操作手册》在技能等级评价概述、评价资源管理、评价计划编制和申报、评价实施流程与方法、评价实施管理、评价结果管理、评价资料归档等方面进行了比较系统的阐述，并附录了有关文件和资料。内容涵盖技能等级评价的全部流程，不仅有评价工作中应包含的具体规定和要求，同时也收纳了曾经发生的较为典型的案例经验，二者内容互为支撑，既对具体管理做了讲解和说明，又用案例佐证理论，做到理论与实践相结合。

本书是国网山东省电力公司技能等级评价实务操作人员培训课程体系教材，通过本书的学习，能够快速有效指导技能等级评价人员顺利开展相关技能等级评价工作，助力更多的一线技能员工获得相应的职业资格，切实提高一线员工技能水平，实现业务效率高效提升，为优化电力营商环境添加动力。

图书在版编目（CIP）数据

电力技能人才等级评价实务操作手册 / 国网山东省电力公司编. —北京：中国电力出版社，2022.8
ISBN 978-7-5198-6428-6

Ⅰ. ①电… Ⅱ. ①国… Ⅲ. ①电工技术–技术手册 Ⅳ. ①TM-62

中国版本图书馆 CIP 数据核字（2022）第 015695 号

出版发行：中国电力出版社
地　　址：北京市东城区北京站西街 19 号（邮政编码 100005）
网　　址：http://www.cepp.sgcc.com.cn
责任编辑：雍志娟
责任校对：黄　蓓　王海南
装帧设计：张俊霞
责任印制：石　雷

印　　刷：三河市百盛印装有限公司
版　　次：2022 年 8 月第一版
印　　次：2022 年 8 月北京第一次印刷
开　　本：787 毫米×1092 毫米　16 开本
印　　张：8.75
字　　数：159 千字
印　　数：0001—1000 册
定　　价：90.00 元

编 委 会

目 录

第一章
技能等级评价概述

职业技能鉴定，是我们耳熟能详的一个词语，但是，随着经济社会的快速发展，对于"社会化"的职业技能鉴定，其评价内容及方式已不能满足企业"一企一策"个性化评价人才需求，企业自主开展技能等级评价应运而生。国家人社部放权企业自主开展技能等级评价，是创新人才评价机制，充分发挥人才评价"指挥棒"作用，推进人才评价和管理工作的一项重大改革。建立科学的人才评价机制，对于树立正确用人导向、激励引导人才职业发展、调动人才创新创业积极性、加快建设人才强国具有重要作用。

本章介绍技能等级评价的基本概念及其开展背景，国家有关职业资格改革政策解读、国家电网有限公司（以下简称"国网公司"）技能等级评价体系等内容。本章包含政策背景、术语及定义和工作体系等 3 部分内容。

第一节 政 策 背 景

一、人才评价机制深化改革

随着经济社会的发展，在国家大力实施"放、管、服"改革的大背景下，人社部以习近平新时代中国特色社会主义思想为指导，深入推进技能人才评价改革，加快转变政府职能，建立更加符合市场经济体制需要的技能人才评价制度，更好支持技能人才队伍建设。全面深化人才评价机制改革，根本目的就是要从创新评价理念、评价标准、评价方式、评价制度等方面综合施策，发挥好人才评价"指挥棒"的指引作用，把那些具有真才实学、能干勤干、贡献突出的人才准确评价出来，配置到最合适的工作岗位，为经济社会发展作出最大贡献。自2017 年开始，人社部按照先立后破、一进一退的原则分批取消水平评价类职业资格，放权企业开展职业技能等级认定。2020 年底，技能人员水平评价类职业资格已全部退出国家职业资格目录，绝大多数转变为企业自主开展的职业技能等级认定，评价内容、标准可由企业自行设置，评价方式将更加多元化，更加符合企业的实际需求。

二、技能等级评价有关政策

近两年来，国家和地方人社部门陆续出台《职业技能等级认定工作规程（试行）》《技能人才评价质量督导工作规程（试行）》《企业职业技能等级认定备案工作流程（试行）》《企业技能人才自主评价工作规则》等规范性文件，为指导企业自主开展评价提供了目标引领和规范性指引，企业自主开展技能等级评价的政策环境初步形成。

三、人才评价主体多元化

支持企业自主开展评价，推进人才评价主体多元化，意味着赋予用人单位以选人用人自主权，充分发挥其在人才评价使用中的主导作用。在全面深化改革的大背景下，赋予用人单位自主权，实际上就是要抓好"放管服"结合，合理界定政府与市场、政府与社会之间的权力边界，政府将更加专注于人才政策供给、人才评价国家标准制定、人才发展基础设施建设等人才公共服务领域，将那些政府不擅长管的事情还给市场、社会和用人单位。坚持"谁使用、谁评价"和"谁懂行、谁评价"的原则，杜绝外行评价内行，充分发挥政府、市场、专业组织、用人单位等多元评价主体作用。

四、国网公司的自主评价体系

在上述背景下，国网公司于 2018 年启动技能等级自主评价工作，在有序衔接原电力行业职业技能鉴定工作基础上，结合内部各专业需求及工作实际设置了首批 52 个企业工种，并对应编制了评价标准、理论及实操题库，于 2019 年 5 月印发了《国家电网有限公司技能等级评价管理办法》及配套的四项实施细则，正式建立了企业技能等级自主评价工作体系。随着国家人社部职业技能等级认定试点工作的推行，国网公司积极响应、主动作为，将首批企业工种统一于国家职业大典，并于 2020 年 8 月顺利通过国家人社部验收，成为第二批职业技能等级认定试点单位之一。之后，国网公司紧跟国家政策形势，依据国家职业标准要求并结合工作实际修订申报条件、企业标准和题库，完善技能等级评价管理系统功能，有序推进评价结果备案及证书发放工作，进一步健全和完善了技能等级评价工作体系。

第二节　术语及定义

一、职业、工种、岗位

职业是具有一定特征的社会工作类别，它是一种或一组特定工作的统称。工种是根据劳动管理的需要，按照生产劳动的性质、工艺技术的特征，或者服务活动的特点而划分的工作种类。岗位是企业根据生产的实际需要而设置的工作位置。一般，一个职业包括一个或几个工种，一个工种又包括一类或几类岗位。因此，职业与工种、岗位之间是一个包含和被包含的关系。

二、技能等级评价

根据《国家电网有限公司技能等级评价管理办法》，技能等级评价，是依据人力资源社会保障部职业技能等级认定相关要求，结合公司实际，对技术技能类岗位职工的职业技能水平进行考核评价的活动。技能等级评价从低到高设置五级，依次为初级工、中级工、高级工、技师和高级技师。

五个等级对应的能力素质要求如表 1-1 所示。

表 1-1　　　　　　　　　　技能等级评价各等级对应能力素质要求

等级	能力素质要求
初级工	能够运用基本技能独立完成本职业的常规工作
中级工	能够熟练运用基本技能独立完成本职业的常规工作；并在特定情况下，能够运用专门技能完成较为复杂的工作，能够与他人进行合作
高级工	能够熟练运用基本技能和专门技能完成较为复杂的工作，包括完成部分非常规工作；能够独立处理工作中出现的问题；能指导他人进行工作或协助培训一般操作人员
技师	能够熟练运用基本技能和专门技能完成较为复杂的、非常规性的工作；掌握本职业的关键操作技能，能够独立处理工作中出现的问题、解决本职业关键操作技术和工艺难题；在操作技能技术方面有创新，能组织指导他人进行工作，能培训一般操作人员，具有一定的管理能力
高级技师	能够熟练运用基本技能和特殊技能在本职业的各个领域完成复杂的、非常规性的工作；熟练掌握本职业的关键操作技能技术，能够独立处理和解决高难度的技术或工艺难题，在技术攻关、工艺革新和技术改革方面有创新，能组织开展技术改造、技术革新和进行专业技术培训，具有管理能力

三、评价方式

高级技师及技师等级评价原则上采用专业知识考试、专业技能考核、工作业绩评定、潜在能力考核、综合评审方式进行；高级工及以下等级评价采用工作业绩评定、专业知识考试、专业技能考核方式进行。

专业知识考试。依据公司高级技师评价标准和题库，重点考核与本专业（工种）相关的基础知识、专业知识和相关知识，使用网络大学进行，满分 100 分。

工作业绩评定。主要评定安全生产、工作成就及工作态度。由申报人所在单位人力资源部门牵头成立工作业绩评定小组，对其日常工作表现和工作业绩进行线上评定，评定应突出实际贡献，重点评定申报人业绩情况，满分 100 分。

专业技能考核。重点考核现场分析、判断、解决本专业（工种）高难度生产技术问题和工艺难题的实际技能，可在实训设备、仿真设备或生产现场进行实操考核，对于不具备实操条件的工种或实操项目可采取编制作业指导书、检修方案、安全措施票等技术文档的形式进行考核，实操考核随机抽取 1~3 个项目进行，满分 100 分。

潜在能力考核成绩由两部分构成，满分 100 分。一是考评小组对申报人的专业技术总结做出评价，满分 30 分；二是对申报人进行潜在能力面试答辩，满分 70 分。各评价专家面试答辩考评平均分数与专业技术总结评价分数之和形成该申报人潜在能力考核总成绩。

综合评审。成立综合评审委员会，对参评人员业绩成果、实际贡献、技艺绝活、各环节考评结果等进行综合评价，采取不记名投票表决方式进行，三分之二及以上评委同意视为通过评审。

四、考评人员

考评人员包括：主考、监考、巡考、考务人员、命题人员、评审人员、考评员、督导员。

主考：评价考务工作负责人，负责组织巡视、监考、考评、考务人员做好考评工作。

巡考：负责评价工作的全过程进行检查、监督。

监考：负责所在考场的考务工作。

考务人员：按照分工协助开展评价相关工作。

命题人员：负责技能等级专业知识考试试题组卷工作。

评审人员：应具有高级技师技能等级或副高级及以上职称。负责对参评人员提交的业绩支撑材料、专业技术总结、各环节考评结果等进行综合评价，采取不记名投票方式进行表决。

考评员：考评员是指在规定的工种、等级范围内，经培训考试合格，取得资格证书，从事公司技能等级评价考评的人员。负责专业技能考核、潜在能力考核等考评工作的具体实施。

督导员：质量督导员是指经培训认证，取得资格证书，从事公司技能等级评价质量督导的人员。具有质量督导员资格。负责对考评员的考评组织、考评行为等质量环节进行监督，提出督导意见。

五、评价标准

职业技能评价标准是在职业分类的基础上，根据职业活动内容，对从业人员的理论知识和技能要求提出的综合性水平规定。它是开展职业教育培训和技能等级评价的基本依据。

国家职业技能标准和行业企业评价规范是实施职业技能等级评价的依据。国家职业技能标准由人力资源社会保障部组织制定；行业企业评价规范由用人单位和社会培训评价组织参照《国家职业技能标准编制技术规程》开发，经人力资源社会保障部备案后实施。

国网公司依据国家职业技能标准统一组织开发公布企业评价规范，向人力资源社会保障部备案，作为开展评价活动的主要依据，并根据电网技术发展需要定期修编。

国网公司依据评价规范，结合实际确定评价内容和评价方式，综合运用理论知识考试、技能操作考核、工作业绩评审、过程考核、竞赛选拔等多种评价方式，对参评人员的职业技能水平进行科学客观公正评价。

第三节 评 价 体 系

一、制度体系

截至 2018 年底，国网公司陆续制定出台一系列有关技能等级评价办法及配套实施细则，为自主评价的顺利开展提供了有力的制度保障。简称"一办法、四细则"，即：《国家电网有限公司技能等级评价管理办法》《国家电网有限公司技能等级评价基地管理实施细则》《国家电网有限公司技能等级评价考评员管理实施细则》《国家电网有限公司技能等级评价质量管理实施细则》《国家电网有限公司高级技师评价实施细则》，见图 1－1。

2021 年，根据国家有关政策变化，国网公司及时组织对以上制度进行了修订，在"一办法、四细则"的基础上，补充《国家电网有限公司技师及以下等级评价工作规范》，实现技能等级评价各等级制度体系更趋完善。

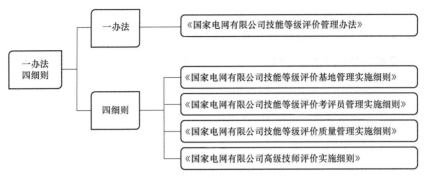

图 1－1 "一办法、四细则"

二、组织体系

技能等级评价工作在国网公司人才工作领导小组领导下，分级管理实施，分为指导中心、评价中心、评价基地三级。国网公司设立指导中心，挂靠国网技术学院；各省公司级单位设立评价中心，挂靠本单位人力资源部门、所属培训机构或综合服务中心；根据评价权限，综合考虑设备设施、人员配备和管理水平等因素，可择优设立评价基地。组织体系构成见图 1－2。

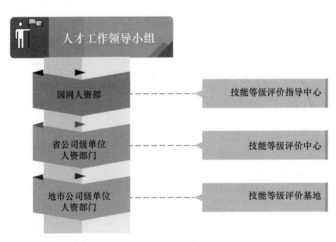

图 1－2 组织体系图

三、资源体系

资源体系是技能等级评价工作中重要的体系，资源体系主要包括评价工种、评价标准及题库、考评员、督导员、评价基地、信息系统，见图 1－3。

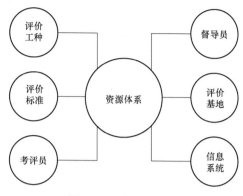

图 1－3 资源体系图

四、运行体系

（一）实施流程

技能等级评价程序包括计划编制、组织申报、资格审核、方案制定、评价实施、结果公布、资料归档、数据上报、证书核发等共九个环节。

（二）质量控制

指导中心、评价中心委派质量督导人员，依据国网公司技能等级评价有关要求，对评价工作各个环节实施监督和检查。

第二章

技能等级评价资源管理

评价资源管理是整个技能等级评价过程中非常重要的一个环节，为了加强技能等级评价质量管理和技能等级评价考评员队伍建设，真实体现技能岗位人员的专业知识、专业技能、工作业绩和潜在能力，确保规范、公平、公正开展评价，本章对评价工种的设置、发布、管理以及工种目录的调整流程，评价标准的制定及题库开发、修编的相关要求，考评员、督导员、评价基地的认证、管理和相关的职责等六部分内容进行介绍。

第一节　工　种　目　录

评价工种目录由国网公司根据《国家职业资格目录》及国家有关规定统一批准发布并报人社部备案，首批共 39 个职业（工种），并适应电网技术发展，不定期滚动修订，山东公司根据工作实际从中选取 31 个职业（工种）向省人社厅进行备案。

一、评价工种设置的背景

根据人力资源社会保障部办公厅《关于做好水平评价类技能人员职业资格退出目录有关工作的通知》（人社厅发〔2020〕80 号），自 2019 年 12 月起，国务院常务会议决定分步取消水平评价类技能人员职业资格，推行社会化职业技能等级认定。公司积极响应人社部安排部署，从加强技能人才培养、使用、评价、激励工作大局出发，稳妥有序推进技能人才评价制度改革，将技能人员水平评价由政府认定改为实行企业自主评价。

根据《人力资源社会保障部办公厅关于支持企业大力开展技能人才评价工作的通知》（人社厅发〔2020〕104 号），企业可结合生产经营主业，依据国家职业分类大典和新发布的职业（工种），自主确定评价职业（工种）范围。对职业分类大典未列入但企业生产经营中实际存在的技能岗位，可按照相邻相近原则对应到职业分类大典内职业（工种）实施评价。

国网公司在开展技能等级评价初期，共设置了首批 52 个自主评价工种，2020 年向人社部进行职业技能等级认定试点备案时，根据备案工作要求，将原 52 个工种合并调整为国家职业分类大典中的 39 个。同时，为保证政策的有序衔接，建立了原工种与备案工种的一一对应关系，现阶段开展评价工作时，依照对应关系在原工种基础上实施。

二、各工种名称及等级

根据《国家职业技能标准目录》公布的职业目录，国网公司备案的 39 个职业（工种）及与原技能等级评价工种对应关系见表 2-1。

表 2-1　　　　　　　　国网公司技能等级评价职业名称、设立等级

序号	人社部备案职业（工种）			评价等级	国家电网有限公司原技能等级评价对应工种
	职业编码	职业名称	工种名称		
1	4-02-06-01	仓储管理员	仓储管理员	初级工至高级技师	物资仓储作业员
2	4-02-06-03	物流服务师	—	高级工至高级技师	物资配送作业员
3	4-04-01-03	信息通信业务员	—	初级工至高级技师	信息通信客户服务代表
4	4-04-02-01	信息通信网络机务员	电力通信	初级工至高级技师	通信运维检修工
5	4-04-04-01	信息通信网络运行管理员		中级工至高级技师	（1）通信调度监控员 （2）通信工程建设工
6	4-04-04-02	网络与信息安全管理员	网络安全管理员	中级工至高级技师	网络安全员
7	4-04-04-03	信息通信信息化系统管理员		初级工至高级技师	（1）信息调度监控员 （2）信息工程建设工 （3）信息运维检修工
8	4-04-05-03	呼叫中心服务员	—	初级工至高级技师	客户代表
9	4-09-01-04	水工监测工	—	初级工至高级技师	—
10	4-11-01-00	供电服务员	用电客户受理员	初级工至高级技师	用电客户受理员
11			抄表核算收费	初级工至高级技师	抄表核算收费员
12			电力负荷监测运维员	初级工至高级技师	（1）电力负荷控制员 （2）智能用电运营工
13			用电检查（稽查）员	初级工至高级技师	用电监察员
14			装表接电工	初级工至高级技师	装表接电工
15			农网配电营业工	初级工至高级技师	（1）农网配电营业工（台区经理） （2）农网配电营业工（综合柜员）
16	6-24-02-01	变压器互感器制造工	变压器装配工	初级工至高级技师	变压器制造工
17	6-28-01-05	发电集控值班员	—	中级工至高级技师	集控值班员
18	6-28-01-06	电气值班员	—	初级工至高级技师	—
19	6-28-01-09	水力发电运行值班员	水电站值班员	初级工至高级技师	发电厂运行值班员

序号	人社部备案职业（工种）			评价等级	国家电网有限公司原技能等级评价对应工种
	职业编码	职业名称	工种名称		
20	6-28-01-14	变配电运行值班员	变电站运行值班员	初级工至高级技师	（1）变配电运行值班员 （2）电力调度员（主网） （3）电力调度员（配网） （4）电网监控值班员
21			配电房（所、室）运行值班员	初级工至高级技师	（1）配网自动化运维工 （2）配电运营指挥员
22			换流站运行值班员	中级工至高级技师	换流站值班员
23	6-28-01-15	继电保护员	—	初级工至高级技师	继电保护员
24	6-29-01-03	混凝土工	混凝土浇筑工	初级工至高级工	土建施工员
25	6-29-02-10	水工建构筑物维护检修工	水电站水工建构筑物维护检修工	初级工至高级技师	
26	6-29-02-11	电力电缆安装运维工	—	初级工至高级技师	（1）电力电缆安装运维工（输电） （2）电力电缆安装运维工（配电）
27	6-29-02-12	送配电线路工	送配电线路架设工	初级工至高级技师	架空线路工
28			送配电线路检修工	初级工至高级技师	（1）配电线路工 （2）送电线路工 （3）无人机巡检工 （4）高压线路带电检修工（输电） （5）高压线路带电检修工（配电）
29			送电线路直升机航检员	初级工至高级技师	航检作业员
30	6-29-03-08	电力电气设备安装工	电力工程内线安装工	初级工至高级技师	（1）变电二次安装工 （2）换流站直流设备检修工（二次） （3）电网调度自动化厂站端调试检修工 （4）电网调度自动化维护员
31			变电设备安装工	初级工至高级技师	变电一次安装工
32	6-31-01-03	电工	—	初级工至高级技师	—
33	6-31-01-04	仪器仪表维修工	—	初级工至高级技师	电能表修校工
34	6-31-01-06	汽轮机和水轮机检修工	水轮机检修工	初级工至高级技师	水泵水轮机运检工
35	6-31-01-07	发电机检修工	发电厂发电机检修工	初级工至高级技师	
36	6-31-01-08	变电设备检修工	开关设备检修工	中级工至高级技师	（1）变电设备检修工 （2）换流站直流设备检修工（一次）
37	6-31-01-08		变压器设备检修工	中级工至高级技师	
38	6-31-01-09	工程机械维修工	起重机械	初级工至高级工	机具维护工
				技师、高级技师	
39	6-31-03-06	试验员	—	初级工至高级技师	（1）电气试验工 （2）带电检测工

为了便于申报人员准确掌握申报工种，国网公司组织部分下属单位根据评价工种所涉及的岗位、工作内容进行了明确定义。

三、职业工种新增程序

根据中国就业培训技术指导中心《关于持续开展新职业信息征集工作的通告》（中就培函〔2020〕35 号）文件要求，新职业信息采取持续征集、分批发布的形式，除根据形势需要专题征集外，每年不再另行发布征集通告，一般情况下，按以下时间执行：

（一）社会征集。每年 9 月底前，汇总、整理当年申报的新职业建议书。

（二）评审论证。每年 10 月，组织相关专家对申报的新职业建议进行评审论证。

（三）征求意见。每年 11 月，将拟发布的新职业信息以网络公示和公函的形式，分别向社会及国务院各部门征求意见，征求意见期限为 15 个工作日。

（四）正式发布。经人力资源社会保障部、市场监管总局、国家统计局三部委联合签批后，正式向社会发布新职业信息。

（五）有关要求：

（1）申报单位（含各类法人单位）在开展必要的职业调查的基础上，按要求认真填写《新职业建议书》，须提交 Word 电子版和纸质版材料（须加盖公章）。

（2）鼓励申报单位运用新媒体技术，制作与新职业主要工作内容相关的短视频、图表等可视化资料，为专家评审论证提供真实、直观的依据。

（3）鼓励行业协会和有实力的龙头企业积极参与新职业信息申报，尽可能提前征询行业主管部门的意见。

国网公司备案工种新增由各专业部门提出申请，经指导中心审查、国网人资部批准后并报人社部备案，纳入评价工种目录，各省公司级单位根据需要向省级人社部门备案。

四、专业、工种和班组岗位匹配关系

《国家电网有限公司关于组织开展技能等级评价工作的通知》国家电网人资〔2018〕1130号，发布了首批 52 个技能等级评价工种，并明确了评价专业与评价工种的对应关系，见表 2－2。

表 2－2　　　　　　　　　　评价专业与评价工种对应关系表

序号	评价专业	评价工种	编码	相关工种
1	电网调控运行	电力调度员（主网）	PD0101	PD0102、PD0103
2		电网监控值班员	PD0102	PD0101、PD0301

续表

序号	评价专业	评价工种	编码	相关工种
3	电网调控运行	电力调度员（配网）	PD0103	PD0101
4		电网调度自动化维护员	PD0104	PD0303、PD0304
5	输电运检	送电线路工	PD0201	PD0601
6		电力电缆安装运维工（输电）	PD0202	PD0402
7		高压线路带电检修工（输电）	PD0203	PD0403
8		无人机巡检工	PD0204	
9	变电运检	变配电运行值班员	PD0301	PD0102
10		电气试验工	PD0302	PD0305、PD0309
11		继电保护员	PD0303	PD0104、PD0304
12		电网调度自动化厂站端调试检修工	PD0304	PD0104、PD0303
13		变电设备检修工	PD0305	PD0302、PD0309
14		换流站值班员	PD0306	
15		换流站直流设备检修工（一次）	PD0307	
16		换流站直流设备检修工（二次）	PD0308	
17		带电检测工	PD0309	PD0302、PD0305
18	配电运检	配电线路工	PD0401	
19		电力电缆安装运维工（配电）	PD0402	PD0202
20		高压线路带电检修工（配电）	PD0403	PD0203
21		配电运营指挥员	PD0404	
22		配网自动化运维工	PD0405	PD0304
23	电力营销	用电客户受理员	PD0501	PD0509
24		用电监察员	PD0502	PD0503、PD0506
25		抄表核算收费员	PD0503	PD0502、PD0506
26		装表接电工	PD0504	PD0505
27		电能表修校工	PD0505	PD0504
28		电力负荷控制员	PD0506	PD0502、PD0503
29		智能用电运营工	PD0507	
30		客户代表	PD0508	PD0500
31		农网配电营业工（台区经理）	PD0509	PD0510
32		农网配电营业工（综合柜员）	PD0510	PD0509
33	送变电施工	架空线路工	PD0601	PD0201
34		变电一次安装工	PD0602	
35		变电二次安装工	PD0603	
36		机具维护工	PD0604	
37		土建施工员	PD0605	

续表

序号	评价专业	评价工种	编码	相关工种
38	信息通信运维	通信运维检修工	PD0701	PD0702
39		通信工程建设工	PD0702	PD0701
40		信息运维检修工	PD0703	PD0704
41		信息工程建设工	PD0704	PD0703
42		信息调度监控员	PD0705	PD0707
43		信息通信客户服务代表	PD0706	
44		通信调度监控员	PD0707	PD0705
45		网络安全员	PD0708	
46	发电生产	集控值班员	PD0801	
47		发电厂运行值班员	PD0802	
48		水泵水轮机运检工	PD0803	
49	装备制造	变压器制造工	PD0901	
50	航空技能	航检作业员	PD1001	
51	生产辅助	物资仓储作业员	PD1101	
52		物资配送作业员	PD1102	

省公司结合工作实际制定了标准技能岗位分类与国网公司原技能等级评价工种对应关系，见表2-3。

表2-3　　　　　　　　　岗位分类与评价工种对应关系表

序号	专业	岗位种类	申报工种1（推荐）	申报工种2	申报工种3	申报工种4
1	变电运检	变电设备检修	变电设备检修工			
2		变电站运维	变配电运行值班员			
3		电气试验/化验	电气试验工			
4		换流站运维	换流站值班员			
5		换流站直流设备检修	换流站直流设备检修工（一次）	换流站直流设备检修工（二次）		
6		继保及自控装置运维	继电保护员	变电设备检修工	电网调度自动化维护员	电网调度自动化厂站端调试检修工
7		设备调试	电气试验工	继电保护员	变电设备安装工（二次）	变电设备安装工（一次）
8	电力营销	抄表催费	抄表核算收费员			
9		电费核算与账务	抄表核算收费员			
10		95598服务	配电运营指挥员	信息通信客户服务代表	用电客户受理员	用电监察员

续表

序号	专业	岗位种类	申报工种1（推荐）	申报工种2	申报工种3	申报工种4
11	电力营销	电能信息采集与监控	用电监察员	电力负荷控制员	抄表核算收费员	
12		供电所综合业务	农网配电营业工（综合柜员）	农网配电营业工（台区经理）	用电监察员	抄表核算收费员
13		客户代表	用电客户受理员	农网配电营业工（综合柜员）		
14		农网电费核算与账务	抄表核算收费员	农网配电营业工（综合柜员）		
15		农网营销服务	用电监察员	农网配电营业工（台区经理）	用电客户受理员	
16		市场开拓与业扩报装	用电客户受理员			
17		用电检查	用电监察员			
18		智能用电运营	智能用电运营工			
19		装表接电	装表接电工	抄表核算收费员		
20		稽查业务与监控分析	用电监察员			
21		计量检验检测	电能表修校工	装表接电工		
22		节能服务	智能用电运营工			
23	电网调控运行	调控运行值班	电力调度员（主网）	电网监控值班员	电力调度员（配网）	
24		自动化运维	电网调度自动化维护员	电网调度自动化厂站端调试检修工	配网自动化运维工	
25	配电运检	农网运行维护与检修	配电线路工	农网配电营业工（台区经理）		
26		配电电缆运检	电力电缆安装运维工（配电）	配电线路工		
27		配电线路及设备运检	配电线路工			
28		配网自动化运维	配网自动化运维工	配电线路工		
29	生产辅助	物资仓储服务	物资仓储作业员			
30		物资配送服务	物资配送作业员			
31	输电运检	输电带电作业	高压线路带电检修工（输电）	无人机巡检工		
32		输电电缆运检	电力电缆安装运维工（输电）			
33		输电线路运检	送电线路工			
34		送电线路架设	架空线路工			
35	送变电施工	变电二次安装	变电二次安装工			
36		变电一次安装	变电一次安装工			
37		机具修理	机具维护工			
38		牵张机操作	机具维护工			

续表

序号	专业	岗位种类	申报工种 1（推荐）	申报工种 2	申报工种 3	申报工种 4
39	送变电施工	土建施工	土建施工员			
40		制造设备维修	机具维护工			
41	信息通信运维	通信运维检修	通信运维检修工			
42		信息通信工程建设	信息工程建设工	通信工程建设工		
43		信息通信监控调度	信息调度监控员	通信调度监控员		
44		信息系统检修维护	信息运维检修工	网络安全员		

第二节　评　价　标　准

评价标准应满足企业生产经营和人力资源管理的需要，满足职业教育培训和职业技能评价的需要，促进人力资源市场的发展和从业人员素质的提高。

评价标准在工种分类的基础上，应根据各工种的特性、技术工艺、设备材料以及生产方式等要求，对从业人员的理论知识和操作技能提出的综合性水平规定。

一、标准开发及更新流程

（一）技能标准开发承担单位根据技能标准开发计划组建专家工作组

专家工作组可由 7～15 名专家组成，包括方法专家、内容专家和实际工作专家。方法专家由熟悉《国家职业技能标准编制技术规程》和技能标准编制方法的专家担任；内容专家由长期从事该职业理论研究和教学工作的专家担任；实际工作专家由长期从事该职业活动的管理者或操作人员担任。实际工作专家应占专家工作组总人数的一半以上；专家工作组应确定组长和主笔人。

（二）开展职业调查和职业分析

技能标准开发承担单位应组织力量开展职业调查，了解该职业的活动目标、工作领域、发展状况、从业人员数量、层次、薪酬水平和社会地位，以及从业人员必备的知识和技能等。职业调查可以由专家工作组承担，也可以委托专门工作机构进行。在职业调查的基础上，由专家工作组进行职业分析，为技能标准编制做好前期准备。

（三）召开技能标准编制启动会

技能标准开发承担单位组织召开技能标准编制启动会。与会专家学习《国家职业技能标准编制技术规程》，经过充分研讨，确定技能标准编制的具体工作程序、时间进度安排，以及技能标准的基本框架结构。

（四）编写技能标准初稿

专家工作组按照技能标准编制启动会确定的程序、框架结构等，结合职业调查和职业分析的结果，编写技能标准初稿。

（五）审定和颁布

1. 技术审查与意见征求

技能标准初稿编制完成后，由人力资源社会保障部进行技术审查；专家工作组根据技术审查意见对技能标准做进一步修改，形成技能标准（征求意见稿）。

技能标准开发承担单位将技能标准（征求意见稿）下发相关机构征求意见，并将意见反馈专家工作组，由专家工作组对技能标准再次作出修改，形成技能标准（送审稿）。

2. 审定

技能标准（送审稿）通过技术审查后，由标准管理单位组织召开技能标准终审会，组织业内权威人士对技能标准进行最后审定，并形成专家审定意见。

3. 技能标准颁布

专家工作组根据专家审定意见做好技能标准修改，形成技能标准（报批稿）。技能标准开发承担单位将技能标准（报批稿）、专家审定意见及技能标准颁布申请等有关材料上报技术审查部门审查，审查合格后颁布施行。

二、编制原则

（一）整体性原则

技能标准应反映该职业活动在我国的整体状况和水平，不仅要突出该职业当前对从业人员主流技术、主要技能的要求，反映该职业活动的一般状况和水平，而且还应兼顾不同地域或行业间可能存在的差异，同时还应考虑其发展趋势，见图 2—1。

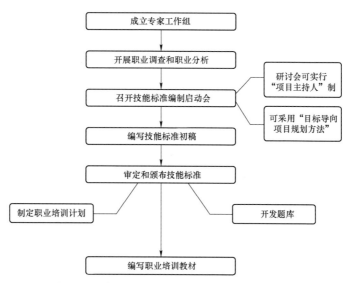

图 2-1 国家职业技能标准编制工作流程图

（二）规范性原则

技能标准中的文体和术语应保持一致；内容结构、表述方法应符合本规程的要求；文字描述应简洁、明确且无歧义；所用技术术语与文字符号应符合国家最新技术标准。

（三）实用性原则

技能标准不仅应全面、客观地反映工作现场对从业人员的理论知识和操作技能的要求，而且应符合职业教育培训、技能等级评价和人力资源管理工作的需要。

（四）可操作性原则

技能标准的内容应力求具体化，可度量和可检验，便于实施，易于理解。

三、标准内容及编制要求

（一）标准内容

能标准内容应包括：职业概况、基本要求、工作要求和比重表四部分。

1. 职业概况

包括：职业编码、职业名称、职业定义、职业技能等级、职业环境条件、职业能力倾向、普通受教育程度、职业培训要求、技能等级评价要求等九项内容。

（1）职业编码。每个职业在《中华人民共和国职业分类大典》中的唯一代码，应采用《中华人民共和国职业分类大典》确定的职业编码。

（2）职业名称。最能反映职业特点的称谓，应采用《中华人民共和国职业分类大典》确定的职业名称。

（3）职业定义。对职业活动的内容、方式、范围等的描述和解释，应采用《中华人民共和国职业分类大典》确定的职业定义。

（4）职业技能等级。根据从业人员职业活动范围、工作责任和工作难度的不同而设立的级别。职业技能等级共分为五级，由低到高分别为：五级/初级技能、四级/中级技能、三级/高级技能、二级/技师、一级/高级技师。

（5）职业环境条件。从业人员所处的客观劳动环境。应根据职业的实际情况进行客观描述。

（6）职业能力倾向。从业人员在学习和掌握必备的职业知识和技能时所需具备的基本能力和潜力。应根据职业的实际情况，将影响从业人员职业生涯发展的必备核心要素列出。

（7）普通受教育程度。从业人员初入本职业时所需具备的最低学历要求。

（8）职业培训要求。包括：培训期限、培训教师、培训场所设备三项内容。

（9）技能等级评价要求。包括：申报条件、评价方式、监考及考评人员与考生配比、评价时间、评价场所设备五项内容。

2. 基本要求

包括：职业道德和基础知识两部分。

（1）职业道德。从业人员在职业活动中应遵循的基本观念、意识、品质和行为的要求，即一般社会道德在职业活动中的具体体现。主要包括：职业道德基本知识、职业守则两部分，通常在技能标准中应列出能反映本职业特点的职业守则。

（2）基础知识。各等级从业人员都必须掌握的通用基本理论知识、安全知识、环境保护知识和有关法律法规知识等。

3. 工作要求

包括：职业功能、工作内容、技能要求、相关知识要求四项内容。

（1）职业功能。从业人员所要实现的工作目标，或是本职业活动的主要方面（活动项目）。应根据职业的特点，按照工作领域、工作项目、工作程序、工作对象或工作成果等进行划分。

（2）工作内容。完成职业功能所应做的工作，是职业功能的细分。可按工作种类划分，也可以按照工作程序划分。

（3）技能要求。完成每一项工作内容应达到的结果或应具备的能力，是工作内容的细分。

（4）相关知识要求。达到每项技能要求必备的知识。应列出完成职业活动所需掌握的技术理论、技术要求、操作规程和安全知识等知识点。具体参照《国家职业技能标准编制技术规程》内容模板。

4. 比重表

包括：理论知识比重表和操作技能比重表两部分，应按理论知识比重表和操作技能比重表分别编写。其中，理论知识比重表应反映基础知识和各技能等级职业功能对应的相关知识要求在培训、考核中所占的比例；操作技能比重表应反映各技能等级职业功能对应的技能要求在培训、考核中所占的比例。

（二）标准编制要求（见图 2-2）

（1）在职业分类的基础上，根据职业的特性、技术工艺、设备材料以及生产方式等要求，对从业人员的理论知识和操作技能提出综合性水平规定。

（2）应满足企业生产经营和人力资源管理的需要，满足职业教育培训和职业技能等级评价的需要，促进人力资源市场的发展和从业人员素质的提高。

（3）能作为开展职业教育培训和职业技能等级评价，以及用人单位录用、使用人员的基本依据。

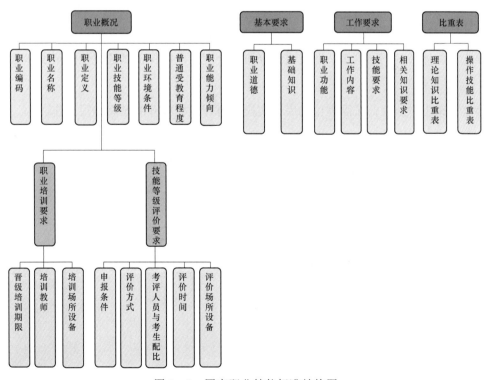

图 2-2　国家职业技能标准结构图

第三节 评 价 题 库

评价题库应能满足人力资源和各专业部门管理需要,满足技能等级评价和职工培训的需要,促进员工队伍素质提升。各工种题库分理论题库和实操题库两部分,其中理论题库在国网公司题库基础上进行增量开发,各等级题库可独立使用。

一、开发及修订程序

1. 组织编写专家培训

召开题库编写工作启动会,组织题库编写专家培训,学习题库编写的方法和要求,落实题库开发工作方案,明确开发组组织结构、编写任务、工作计划和职责要求。

2. 收集资料

收集资料包括国网公司相应工种评价标准、评价题库,其他相关技术标准、作业指导书及相关制度、法规、教材、题库、试卷等。

3. 制定命题计划

根据国网公司相应工种评价标准,分析评价维度、评价能力项和评价模块设置,以评价能力项为单位拟定命题计划,结合评价模块确定试题形式(理论或实操)、等级、题型、数量等要素,总体考察不同等级、题型比例分布的合理性,以保证试题编制的范围和质量。

4. 编写试题

确定专家工作分工,按照理论题库和实操手册开发模板开展题库编写工作。

5. 工作组审核

试题编制完成后,工作组各单位组织专家对试题从技术性和专业性两方面进行审核,可采用试做的方式进行,并根据审核结果及时修改完善题库,形成题库初稿。

6. 公司专业审核

公司组织专家对各单位提交的初稿进行专业审核,并将审核结果及时反馈开发单位修改完善,见图2-3。

二、理论试题

(一)开发技术要求

理论题库题型包括选择题、判断题两种类型,具体要求如下:

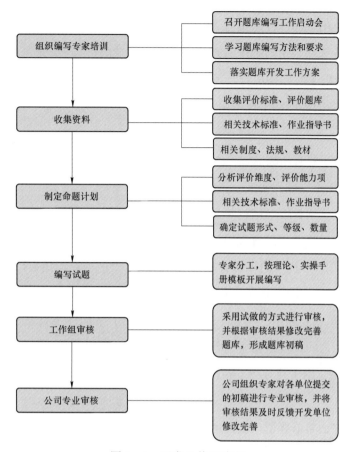

图 2-3 开发及修订流程

1．选择题一般命题方法

选择题是一种检测考生客观认知水平的考试试题，一般分为单选题和多选题两种，由题干和备选项两部分组成。

（1）题干：表述题目的情景、条件、资讯等核心内容，建立与备选项的联系，蕴含着题目的中心思想。"题干＋选项"构成完整陈述句。

1）"题干＋选项"内容属同一范畴，紧紧围绕某考核点，中心思想明确，表述准确精炼，考生易于了解题目要求，不出现与答案无关的线索或不必要的修饰词，避免使用复杂的句子。

2）题干应包括解题所必需的全部条件，选项不再做条件上的论述。

3）题意指向明确，如要求选对的、选错的、选原因、选结果、选本质、选现象、选填补等。

4）文字叙述要避免有所暗示。

5）慎用否定句，除非为了测试考生求异思维、应变能力。

21

6）题干中避免出现注释性地括号。

（2）备选项：备选项是指与题干有直接关系意在补缺的可选项，分为正确项和干扰项（错误项）。正确项是与题干共同构成符合考核点涵义的选项。干扰项，是命题人利用不同角度、不同层面、不同组合的选项来干扰考生，达到测试考生对知识的记忆、理解、运用及逻辑思维能力的目的。

1）备选项和题干要有所关联，不得出现"以上选项均正确""以上选项均错误"及"某项和某项均正确或均不正确"等文字描述。

2）正确项和干扰项长度、结构尽量相同。

3）干扰项要能反映考生的典型错误，似真性强，尽量缩小与正确选项的差异，不应拼凑明显不合理的选项。干扰项的设置有以下两种：一是干扰项观点错误，违反科学原理或法规制度，如明显直接错、偷换概念、表述缺陷等；二是干扰项观点正确，但与题干无关，不符合题意要求，简单重复题干，与题干因果倒置，或具有片面性不是题干要求的全部内容。

4）避免备选项之间出现逻辑上的包含关系，确保干扰项在它的范围内不包含答案，如正确答案为"$X > 5$"，则干扰项"$X = 10$"也符合答案要求。

（3）常见类型：

1）填空式：常见简单题型，主要考查考生对重要知识点的记忆和再认能力，要求考生选出空白处所缺的内容或补全未尽内容。

2）判断式：主要考查考生辨别是非的能力，要求考生对相关知识作出"是什么"或"不是什么"的判断。

3）因果式：题干与选项构成因果关系，通常由题干提供"结果"，在备选项中选择原因。题目常用"根本原因是""原因是""由于""这是因为"等词语把题干与选项联系起来。

4）引文式：主要考查考生的理解、分析、综合和评价能力。题干通常引用某法规、某文件或著作中的某些论断，让考生分析其中的道理。题目常用"这句话蕴含的道理有""这段话表明""这段话给我们的启示是"等来设置问题。

5）材料式：题干内容多选自实际工作素材或案例，要求考生运用所学知识思考、统计计算、分析材料内容，进行评价、综合认识。常用"这个事例（事实）说明""这段材料表明""这表明""由此可得"等词语将题干与选项联结起来。

2. 单选题要求

单选题适用于测量考生对所学知识掌握程度和辨别分析能力。

形式："题干" + "4 个备选项"，正确选项为 1 个。

格式要求：

（1）题干字数控制：10～80 字。

（2）备选项字数控制：1～30 字，一般备选项字数不超过题干字数。

（3）题干括号为（），句末为句号。

（4）备选项末尾一般不加标点符号，但若备选项的内容为某特别引用时，备选项内容可以加引号。

3. 多选题要求

多选题适用于测量考生对问题的理解、比较与辨别的能力，以及思维的敏捷性和判断力，不太适合测量考生的组织知识能力和表达能力。

形式："题干" + "4～6 个备选项"，正确选项数≥2。

注意：若一题多空，每题空中有两个以上正确选项才是多选题，仅有一个正确选项不能视为多选题。

格式要求：与单选题相同。

选择题中括号的数量原则上不应超过 2 个。

4. 判断题要求

判断题是一种以对错来选择答案的命题形式。适用于一些比较重要的或有意义的概念、事实、原理或结论。

（1）设错方式：观点错、前提错、逻辑错、隶属关系错以及概念使用、词语表达错、计算错等。

（2）要求：

1）每题只能包含一个概念或观点，语句要简明。

2）编写的试题必须是非分明，界线清楚，观点明确，对错无争议。

3）要正面叙述，题干一律采用完整的陈述句，不得采用疑问句，句尾用句号，且不加括号。

4）判断题必须只有"正确"或"错误"两种可能结果，若试题正确，则答案为"A"，若试题错误，则答案为"B"，并附错误试题的正确表述，填入《技能等级评价题库开发工具》中"判断题的正确陈述/计算题试题解析"列。

5）判断题答案为"A"和"B"的比例应基本均衡，答案为"A"的判断题应控制在 40%～50%。

6）判断题题干字数原则上控制在 10～50 字内。试题中不应出现或使用图片。

（二）开发模板内容

题库开发模板为技能等级评价知识题库开发模板。

（三）使用说明

该题库开发模板按照技能等级评价题库开发表格进行编写，具体使用要求如下：

（1）知识点/技能点序号、知识点/技能点名称，其中知识点/技能点是指从同一评价模块中梳理出的若干个知识点/技能点，序号从"01"开始顺序编写。

（2）考核点序号、考核点名称，其中考核点名称是指从同一知识点/技能点中梳理出的若干个考核点，序号按 1～9 顺序编写。

（3）题型共有 3 种，使用时可用下拉菜单进行选择或手工添加。

（4）题干内容中括号要统一格式，且括号内要统一加四个空格。

（5）选择题备选项之间统一用$$分割，备选项末尾不加标点符号，若备选项内容为题干中引用部分时，备选项上可以加引号。选项中不能出现"以上选项都正确""以上选项都错误""某项和某项都正确""某项和某项都不正确"的字样。

（6）试题答案，试题答案统一为英文大写字母，多选题答案要按 ABCDEF 顺序填写，判断题答案正确为"A"，错误为"B"，且没有备选项。

（7）试题属性："Z"表示知识类，"J"表示技能类。

（8）难度系数，分别填写试题的难度等级"易""中""难"三个难度等级之一。

（9）答案解析：含有计算或复杂推理的试题应做解析，判断题的答案为 B 时，要在此列说明正确的陈述。

（10）出题依据主要填写试题命制时依据的教材、题库、规程或规范等内容。

（11）出题人的姓名要填写完整。

（12）审题意见和审题人，审题意见应填写准确，审题人的姓名要填写完整。

三、技能试题

技能试题分实操题和书面题两种题型。所有试题应关联到国网公司相应工种技能等级评价标准中的评价模块。

（一）实操题

实操题是能在生产（或实训）场所、设备上进行的操作考核项目。

实操题包括项目名称、任务描述、考核对象、考核方式及时间、参考教材与规程、场地准备、操作步骤、风险点及安全措施、考核要点及考核要求等内容，评价考核资料包括评分标准、考核试卷及其他需要随试卷一同提供的工作票、记录分析表、操作记录表等模板资料。

（1）试题内容符合现场实际作业。

（2）评价侧重符合规程标准和相关作业指导书、作业规范。

（3）评分标准酌情设置否决项。

（4）参考最小评分点是1～2分，最大评分点不超过10分，不出现包含小数的评分点。

（二）书面题

不能或无需在生产（或实训）场所、设备上进行的操作考核项目，可以书面方式进行考核，通过书面回答考核考生对技能操作考试项目理解和掌握的程度，诸如编写操作工艺步骤和要求、施工安全措施、施工作业方案、作业指导书、优化作业方案等。书面题的具体要求如下四点所示：

（1）试题要充分提供操作环境条件、设备设施、工具材料、图表资料等，明确提出考生要书面论述的问题。

（2）命题方向重点考虑作业的过程、步骤、操作工艺及其质量要求。

（3）参考答案应注重对问题的整体理解和关键操作把握，表述简明扼要，专业术语准确、规范。

（4）参考最小评分点是1～2分，最大评分点不超过10分，不出现包含小数的评分点。

第四节　评　价　基　地

本节内容主要包含评价基地设立条件、设立程序、日常管理、年检及考核要求四部分的内容。

一、设立条件

评价基地是指根据评价工作需要，在公司系统内设立的、能独立承担授权工种及相应等级评价工作的实施机构。

评价基地的设立是为了加强技能等级评价基地管理，确保评价质量，根据《国家电网有限公司技能等级评价管理办法》及有关规定，结合公司实际，制定的评价基地管理内容。

评价基地分为 AB 两级，A 级评价基地可承担各等级评价工作，B 级评价基地可承担技师及以下等级评价工作。

A 级评价基地的评估认证由技能等级评价指导中心组织开展，B 级评价基地的评估认证工作由各单位评价中心负责组织开展。

（一）各级评价基地的设立必须满足以下基本条件

（1）具有较完善的组织机构及熟悉评价业务的专（兼）职管理人员。

（2）具有完善的考务管理制度与规定。

（3）具有完善的考评现场安全管理措施。

（4）具有与所申请评价工种及等级相适应的考核场地、设备设施以及合规的检测仪器。

（二）各级评价基地的评价考试区域要求

（1）考区全封闭，设置专门警戒线，能有效阻止非应试人员和工作人员未经同意的人员进入考场。

（2）考点环境整洁、安静、安全，设统一考试专用提示铃声。

（3）考区标识规范齐全，各考场和考区门前均应准确标识，路线提示和应急通道标志齐全，并在考区明示《考生守则》《考场安排表》、考场分布示意图和考试时间安排等。

（4）考区要规划考生停车区域，设置考务办公室、存包处、应急医护服务点。

（5）有完善的安保措施，确保考评期间的人身和设备的安全。

（三）各级评价基地的理论考试考场设置和要求

（1）理论知识考试原则上采用"机考"方式，在网络教室或微机室进行，考试座位数不少于 30 个，座位间应有符合要求高度的遮栏及隔离措施；特殊情况下采用笔试方式时，考场应单人单桌，座位间距不小于 80cm。

（2）座位号按准考证号码竖行编排，准考证号码贴在考桌右上角。

（3）考场采用全过程无死角视频监控记录，室内不留杂物，不得出现可能涉及考试内容的张贴物。

（4）每个考场监考和考生配比应不低于 1:20，每个考场不少于 2 名监考人员。

（5）考场、考生、监考等有关规章制度健全。

（四）各级评价基地的技能操作考场设置和要求

（1）应配置与技能操作评价考试项目相匹配的设备、设施和仪器仪表，配备数量和功能应满足技能操作评价的需要，每个项目考试工位不低于 4 个，考场区域设封闭围栏。

（2）各考区应通风良好，光线充足，考位之间隔离良好互不干扰。

（3）考场按要求配备安全防护、设备检修、材料供应的考务人员。

（4）考场统一计时，明示考生，考试采用全过程无死角视频监控记录。

（5）考场、考生、考评员等有关规章制度上墙。

（五）评价基地必须配备专职管理人员，管理人员应具备以下条件

（1）品德优良，热爱本职工作，不谋私利，有良好的职业道德素养。

（2）熟悉技能评价工作业务，具有一定的管理能力和专业水平。

二、设立程序

A 级评价基地设立由评价中心提出申请，指导中心评估认证合格后，报国网人资部审批设立；B 级评价基地由各单位评价中心根据公司统一制定的标准，组织开展评估认证，报各单位人资部批准后设立，并报指导中心备案。技能等级评价基地具体设立程序如下：

（一）提出书面申请

拟申请评价基地向评价基地管理单位提交书面申请，内容主要包括基本情况、考核场地及设施情况、简要说明、所属单位审批意见等，申请模板详见技能等级评价基地申请表。

（二）组织专家现场审核

由评价管理单位组织部分专家对申请基地进行现场审核，内容主要包括管理机构、管理制度、档案后勤管理、评价场地、设备情况、仪器仪表、工具材料、安全管理、其他等九个评估项目，评估验收标准满分 300 分，评估专家组现场对申请基地出具验收报告。

（三）公布授牌

评价管理单位行文公布通过评估的评价基地名单，确认评价基地级别，指导中心统一制

定基地编码规则，指导中心、评价中心根据管理权限分别授予评价基地标牌、印章。评价基地设立的相关资料都需备案保存。评价基地变更评价范围（工种、等级），应提出变更申请，重新履行审批程序。

三、日常管理

评价基地日常管理制度分为人员管理、程序管理、资源管理、质量管理等类别，主要有管理人员、主考人员、巡考人员、质量督导员、考评员等职责，考场设置要求、考务管理程序，理论知识考试的考场规则、考试规程，技能实操考核的考场规则、考核规程，技能等级评价守则，设备器材管理规定，违纪处罚管理规定和保密工作规定等。

评价基地实行主任负责制，并至少配置 3 名专（兼）职管理人员，负责评价计划、考务、考评工作现场、设备设施、档案信息等管理工作。专业知识考试和专业技能考核考场设置须满足评价工作需要。

评价基地应由专人做好评价设备设施的维护工作，并根据评价标准和现场实际持续更新，以满足评价工作需要。

评价基地须建立健全档案管理制度，设专人管理评价档案，确保档案的完整与安全。评价档案包括评价基地在评价考核、考评人员管理等工作中直接形成的有保存价值的各种图表、资料等。具体包括：评价成绩汇总表，理论考试考场记录表及实际操作项目标准、试卷、考评人员评分表等资料，技师评审资料，各类报销表格，月报表及形成的各种文件，有关影像档案材料、电子文档等。

评价基地实行封闭式管理，应设有餐厅、公寓等生活场所。餐厅必须建立健全卫生管理制度，取得食品卫生许可证，餐厅从业人员必须取得健康合格证，餐厅卫生管理符合国家有关规定标准。学员公寓应配备专职管理人员，建立健全学员公寓管理制度，规范公寓的安全管理、卫生清洁工作。评价基地需配置急救药箱，存放常用药品，突发严重病症应及时送至附近医院治疗。评价基地应建立健全安全保卫及消防制度，按要求设置消防通道，粘贴消防示意图，做好防火防盗工作，重点部位装有监控设备，能实行网络视频监控。

评价基地的日常运行、设备设施更新维护费用由所在单位负责落实。评价费用按公司有关规定收缴。费用支出的项目是：场地使用、命题、阅卷、考评、督导、印刷、检测及原材料、能源、设备消耗等。住宿费收取标准严格按照公司文件要求执行。严格费用管理，专款专用，账目清晰。

公司对评价基地工作实行质量督导制度，由指导中心或评价中心委派督导员进行分级质量督导和全面质量抽查。指导中心、评价中心按管理权限定期组织评价基地开展管理经验分享和工作交流。

四、年检及考核要求

评价基地实行年检制度，每年按规定提交年检报告，按管理权限报指导中心或评价中心备案。指导中心采取随机抽查方式，对评价基地年检情况进行核查。指导中心、评价中心按管理权限定期组织评价基地开展管理经验分享和工作交流。

评价基地有下列情况之一的，予以通报批评，限期整改，情节严重的取消资质：

（1）发生评价试题泄密事件。

（2）存在乱收费现象，造成恶劣影响。

（3）评价行为违反安全生产规程，发生安全责任事故。

（4）评价管理制度执行不严格，并造成不良影响。

（5）年检不合格。

评价基地被取消资质后，三年内不得再次申请设立。

第五节　考　评　员

考评员是指在规定的工种、等级范围内，经培训考试合格，取得资格证书，从事公司技能等级评价考评工作的人员。本节内容是为了加强技能等级评价考评员队伍建设，确保评价质量，根据《国家电网有限公司技能等级评价管理办法》及有关规定，结公司实际，制定的考评员管理内容。

本节包含考评员选拔认证、聘用工作要求、工作流程及要求、评价与考核标准、冻结和退出机制 5 部分内容。

一、选拔认证

考评员分为高级考评员和中级考评员。高级考评员可承担各等级评价工作，中级考评员承担技师及以下等级评价工作。

（一）考评员的选拔条件

高级考评员的培训、认证、使用和管理由指导中心负责，中级考评员的培训、认证、使用和管理由评价中心负责。

考评员应具备以下基本条件：

（1）具备良好的职业道德和敬业精神，科学严谨、客观公正、作风正派、技艺精湛，有较高的威信。

（2）熟悉国家、行业和公司有关评价政策制度，掌握必要的技能等级评价理论、技术和方法，严格执行评价的标准、程序和要求，具有一定考评工作经验。

（3）高级考评员须具有高级技师或副高级及以上职称，并具有8年及以上相关工种工作经历，近3年未发生直接责任的安全事故。

（4）中级考评员须具有技师及以上资格或中级及以上职称，并具有5年及以上相关工种工作经历，近3年未发生直接责任的安全事故。

（5）身体健康，有足够的时间和精力投入技能等级评价工作。

（二）考评员的选拔流程

考评员的选拔流程包括个人申报、单位推荐、资格复审、认证培训、考核取证五个阶段：

（1）个人申报。指导中心根据工作需要发布考评员认证通知，符合条件的员工按通知要求进行报名。

（2）单位推荐。各地市公司级人力资源部门汇总本单位报名人员信息，进行资格初审后择优推荐至评价中心。

（3）资格复审。评价管理单位按照评价等级分别对推荐人员进行资格复审。

（4）认证培训。评价管理单位分别举办高、中级考评员认证培训，内容包括公司战略、企业文化、职业道德以及技能等级评价的规章制度、工作流程、考评技术以及相关专业知识与技能等。

（5）考核取证。考核内容一般应包括规章制度、考评技术、专业技能等内容。培训考核合格者，颁发考评员资格证书（胸牌），有效期3年，有效期满应重新认证。指导中心统一考评员资格证书样式，并负责高级考评员证书（胸牌）发放；评价中心负责中级考评员证书（胸牌）发放。

二、聘用工作要求

评价基地负责提出考评员使用需求。评价管理单位在评价实施前，根据年度评价工作计划，随机从考评员专家库中抽调具有相应工种评价资格的考评员组成考评小组，由评价管理单位发布聘用通知书。

考评小组一般由 3～7 人组成，设考评组长 1 名，全面负责本组工作。考评组长应具有良好的组织协调能力，并具有丰富的考评工作经验，负责裁决有争议的技术问题。

同一考评组成员参加多批次考评工作应实行轮换制度，每次轮换不少于三分之一，考评员在同一评价基地年内连续从事考评工作原则上不得超过 3 次。

三、工作流程及要求

（一）考评工作流程

考评工作流程包括考评准备、考评实施、提交报告三个阶段。

（1）考评准备。按时参加考务会，熟悉考评工种的项目、内容、要求、考评方法及评分标准等，签订保密承诺书。

（2）考评实施。按照考评方案，有序开展考评工作，确保考评工作顺利实施。考评员参照评分标准，独立完成评分任务，现场如有争议，由考评组长组织考评小组成员进行综合评定，考评成绩不得涂改。

（3）提交报告。考评结束后，考评组长在规定时间内向评价机构提交考评记录和考评报告。

（二）考评工作要求

（1）评价管理单位建立和维护考评员管理信息系统，记录考评员的考评和业务培训情况以及各评价基地对考评员的评价意见。

（2）考评员在开展考评工作时，须佩戴考评员资格证（胸牌），不得擅离职守，因特殊原因需离开考评现场时，须经考场负责人同意并履行请假手续，离开后不再参加本次考评工作。如有近亲属或其他利害关系人员参加评价时，应主动申请回避。

（3）考评员负责对考核场地、设备等情况进行核查检验，确保考评过程安全无事故。

（4）考评员严格按照标准评分，不受他人影响或诱导他人评分，有权拒绝任何组织或个人提出的可能影响评价质量的任何非正当要求。

（5）考评员考评费用按公司相关规定执行。

四、评价与考核标准

每批次评价结束后，评价基地对考评员进行评价，结果报评价中心、指导中心。

考评员有下列行为之一的，取消考评员资格：

（1）无故不参加考评工作。

（2）在考评工作中丢失、损坏考生工件，造成无法评定考生成绩。

（3）在考评工作中发生责任事故。

（4）违背考评原则，弄虚作假、营私舞弊。

考评员选拔推荐工作纳入各单位人力资源管理综合评价，执行情况和工作质量作为评先评优的重要依据。考评员工作业绩作为兼职培训师认证、人才评选、职称评审的重要参考依据，对于履职尽责、表现优异的个人给予表彰奖励。

五、冻结和退出机制

建立考评员队伍更加科学规范的选拔、使用、考核、监督制度，形成考评员队伍能上能下、动态转换的常态运转机制，通过培训、考核和评价，逐渐淘汰、更新、置换考评员队伍人员构成，培养一支精干、高效、充满活力的技能等级评价考评员队伍。

评价中心精心组织，评价基地具体实施建立考评员管理档案和考核评价表，记录考评员每次考评工作情况、评价基地对考评员的评价意见。每年评价中心组织各评价基地结合考评员评价情况，对考评员的工作态度、工作业绩等素质能力进行综合排名，末位淘汰 10%。

对年度请假不参加考评工作的累计 3 次及以上的考评员，冻结考评使用资格 1 年。

第六节　督　导　员

技能等级评价质量督导是评价管理单位或属地人社部门委派质量督导人员，依据国家及公司技能等级评价有关要求，对评价工作各个环节实施监督和检查。本节内容是为了加强技能等级评价质量管理，完善评价工作质量督导体系，确保规范、公平、公正评价，根据《技能人才评价质量督导工作规程（试行）》（人社职司便函〔2020〕53 号）、《国家电网有限公司技能等级评价管理办法》及有关规定，结合公司实际，制定的质量督导员管理内容。

本节包含质量督导员选拔认证、聘用要求、工作职责及要求、评价与考核标准、冻结和退出机制五部分内容。

一、选拔认证

质量督导人员分为外部质量督导员（由属地人社部门委派）和内部质量督导员（以下简称"督导员"）。本手册所称的督导员均为内部质量督导员。

指导中心负责督导员认证、使用和考核一体化管理，建立督导员信息库，评价中心负责本单位督导员选拔、推荐、使用和考核。

（一）督导员的条件

督导员应具备以下基本条件：

（1）具有良好的职业道德和敬业精神。

（2）掌握国家、行业职业技能鉴定和公司技能等级评价有关政策、法规和规章制度，熟悉技能等级评价的专业理论和技术方法。

（3）具有中级及以上职称或技师及以上技能等级。

（4）从事技能等级评价管理工作 1 年及以上或担任技能等级评价考评员 3 年及以上。

（5）身体健康，服从安排，能够按照委派单位要求完成督导任务。

（二）督导员选拔流程

督导员选拔流程包括个人申报、单位推荐、资格审查、认证培训、考核取证五个阶段：

（1）个人申报。指导中心根据工作需要发布督导员认证通知，符合条件的员工按通知要求进行报名。

（2）单位推荐。各地市公司级人力资源部门汇总本单位报名人员信息，进行资格初审后择优推荐至评价中心。

（3）资格复审。评价中心对推荐人员进行资格复审后报指导中心。

（4）认证培训。指导中心统一举办认证培训，内容包括公司战略、企业文化、职业道德以及技能等级评价的规章制度、工作流程、技术标准和督导方法等。

（5）考核取证。培训考核合格者，颁发督导员资格证书，有效期 3 年。有效期满后督导员须提交工作总结，经指导中心审查考核合格者，延长证书有效期 3 年。

二、聘用要求

质量督导覆盖面，高级工及以下应不少于评价活动次数的 50%，技师、高级技师评价活动次数覆盖面应达 100%。

督导员执行工作任务实行委派制，评价管理单位采取轮换和随机抽调的方式进行委派。同一督导员参加多批次考评工作应实行轮换制度，督导员在同一评价基地年内连续从事督导工作原则上不得超过 3 次。

三、工作职责及要求

质量督导应当以提高技能人才评价质量为目标，坚持督导与指导并重，秉持公平公正原则。

（一）督导员的工作职责

（1）受评价管理单位委派，对管理权限范围内评价基地的管理、评价工作及评价场地、设备设施和规章制度建设情况实施督导、检查和巡视。

（2）对举报、投诉的技能等级评价违规违纪情况进行调查、核实，并提出处理意见。督导员必须严格执行技能等级评价质量督导工作有关规定，与被督导评价基地相关工作人员存在亲属、师生、师徒等关系的，应向委派单位报告，自觉执行回避制度。

督导员有权对评价过程中的违规行为予以制止或提出处理建议，但不得干预正常评价工作。遇有重大问题，应立即向委派单位报告，提出处理意见和建议，知情不报须承担失职责任。

（二）质量督导方式和内容

（1）听取评价基地有关情况汇报。

（2）查阅评价基地有关文件、档案、信息数据资料。

（3）审核技能等级评价活动有关程序和环节是否符合规定要求。

（4）对技能等级评价的工作现场和考试现场进行监督检查。

工作现场的督导内容包括：制度建设、机构建设、配套措施、评价条件、考务管理、评价方案、阅卷评分的科学性和公正性等情况。

考试现场的督导内容包括：考场环境、仪器设备、技术条件、安全卫生、考场组织、考试秩序、试卷规范、应试纪律、评价时间、考务人员执行任务、考评实施程序、考评员资格、考评员对考评标准与规则的掌握等情况。

（5）对评价对象进行个别访问、调查问卷，对评价结果进行复核。

（6）根据督导情况，对评价组织工作提出意见建议。

（7）编写《技能等级评价督导报告》，在当次督导结束后 5 个工作日内提交委派单位。

四、评价与考核标准

指导中心负责对评价中心、评价基地工作进行质量督导，评价中心负责配合指导中心、属地人社部门对评价基地工作进行质量督导。

（一）被督导机构及有关人员的违规处理

被督导机构及有关人员有下列情形之一的，按有关规定予以处理：

（1）拒绝提供有关情况和文件、资料，阻挠有关人员反映情况。

（2）对提出的督导意见，拒不按时限要求进行整改。

（3）弄虚作假、采取欺骗手段干扰督导工作。

（4）打击、报复督导员。

（5）其他影响督导工作的行为。

（二）督导员管理规定

督导员有下列情形之一的，视情节轻重，由委派单位予以批评教育直至取消资格：

（1）无故不参加督导工作。

（2）督导过程违反技能等级评价工作有关规定。

（3）有玩忽职守、弄虚作假、徇私舞弊行为。

（4）利用职权包庇纵容被督导机构的违规行为。

（5）妨碍评价活动正常进行，并造成恶劣影响。

（6）不能如实、及时向委派单位反映被督导机构、工作人员和考生的意见或建议。

督导员选拔推荐工作纳入各单位人力资源管理综合评价，执行情况和工作质量作为评先评优的重要依据。

督导员工作业绩作为兼职培训师认证、人才评选、职称评审的重要参考依据，对于履职尽责、表现优异的个人给予表彰奖励。

五、冻结和退出机制

建立督导员队伍更加科学规范的选拔、使用、考核、监督制度，形成督导员队伍能上能下、动态转换的常态运转机制，通过培训、考核和评价，逐渐淘汰、更新、置换督导员队伍人员构成，培养一支精干、高效、充满活力的技能等级评价督导员队伍。

评价中心建立质量督导员管理档案，完善质量督导员个人信息、选拔和考核记录、聘用记录、质量督导活动和质量督导记录等资料，对督导员进行综合排名，末位淘汰 10%。

对年度请假不参加督导工作累计 3 次及以上的督导员，冻结督导使用资格 1 年。

第三章
技能等级评价计划编制和申报

技能等级评价计划编制和申报是整个技能等级评价工作落实过程中很重要的一个环节，为了加强技能等级评价质量管理，提升技能等级评价工作质效，本章对评价计划编制、员工评价申报两部分内容进行介绍。

第一节　评　价　计　划　编　制

本节内容是为了加强技能等级评价工作的计划管理，支撑评价工作有序推进开展。根据《国家电网有限公司技能等级评价管理办法》《国家电网有限公司教育培训项目管理办法》及有关规定，结合公司实际制定的相关内容。本节包含计划管理流程及要求、需求征集、年度计划编制、计划下达、月度计划安排、计划调整/新增/撤销审批六部分内容。

一、计划管理流程及要求

评价中心根据公司教育培训项目管理相关规定，组织征集下一年度评价需求，编制年度评价计划并严格组织实施。

二、需求征集

人才评价项目需求征集是由评价中心、各级人力资源部门组织开展，围绕人才队伍现状、职称、职业技能资格和岗位任职资格进行需求分析，确定评价规模。每年6～7月或根据公司要求，各级人力资源部门或专业部门结合本单位实际，梳理员工信息数据，确定评价范围，完成《人才评价项目需求调研表》（根据不同评价项目要求单独编制）。

需求征集工作包括政策宣贯、组织调研等阶段。

政策宣贯，每年 7 月下旬，各地市公司人资部组织各专业部门开展评价需求征集"大讲堂"，做好政策宣贯工作。

组织调研，每年 7 月下旬，各地市公司人资部开展需求调研工作，广泛征求省市县员工的需求，梳理分析形成需求汇总表并反馈相关专业部门。公司各专业部门以数据分析测算情况和需求汇总表为依据，组织开展调研，形成各专业年度评价需求建议表，并履行签字盖章手续。

关键节点说明，各专业部门应详细分析本专业评价的目的及必要性（字数 100～200 字），满足专业及员工培养的针对性及实效性。

各专业年度评价需求建议表工作模板见表 3－1。

表 3－1   2022 年度技能等级评价需求建议表

2022 年度技能等级评价需求建议表（××部门）														
单位/部门：				联系人：					联系电话：					
技能评价需求建议														
序号	评价项目名称	评价内容	评价目的及必要性	评价工种	评价期次	每期人数	每期天数	评价总人次	评价总人天	举办时间	主办单位	实施地点	联系人	联系电话	备注
1	2022 年××工种技师评价	开展全省 2022 年××工种技师评价工作	提升员工专业技能水平，提高岗位胜任力等	继电保护员	4	30	3	120	360	7、8月	××	××技能实训站	×××	0536－××××××	
2															
3															
4															
5															
6															

三、年度计划编制

评价中心根据下一年度评价需求编制年度评价计划。年度计划编制分为数据分析（需求调研）、测算人才评价费用、形成项目、编制需求说明、编制年度评价计划、评价计划分解等六个流程。

（1）数据分析（需求调研）。根据前期数据分析和需求调研的结果，整合形成明年的人才评价情况建议表。

（2）测算人才评价费用。按照人才评价费用标准进行人才评价费用测算。申报职称的报名费、会议评审费不予报销。因参加人才评价而产生的差旅费，列入人才评价项目。

（3）形成项目。按人才选拔与考核、能力等级评价、竞赛调考等专业类别，合理整合各类人才评价需求，形成人才评价项目。能力等级评价包括职称评定、技能等级认定以及职（执）业资格认证等。

（4）编制需求说明。分析各类人才评价项目的必要性和培训主要内容，编制相应人才评价项目的需求说明。

（5）编制年度评价计划表。

12月，根据职工技能等级现状，摸排现有技能等级存量，结合职工评价需求，统筹考虑评价工种、评价等级、评价人数、评价承办单位等，编制下一年度评价计划表，年度评价计划样表详见3-2。

表3-2 年 度 评 价 计 划 样 表

年度评价计划表（模版）

评价中心（盖章）： 年度：20××年

序号	评价工种	评价等级	评价人数	评价时间										评价地点
				2月	3月	4月	5月	6月	7月	8月	9月	10月	11月	
1														
2														
...														
合计														

（6）年度评价计划分解。根据年度评价计划，储备的评价项目，评价实施单位承载量，编制全年评价计划分解表，将评价工种、评价实施时间，分解到各个评价基地具体实施。地市公司负责高级工及以下评价计划，省公司负责技师评价计划，年度评价计划分解样表详见3-3。

表 3-3 年 度 评 价 计 划 样 表

年度评价计划分解表（模板）

序号	项目编号	项目名称	评价对象	评价期次	每期天数	每期人数	评价总人次	主办单位	举办时间	实施单位
1	×××	生产专业技师及以下技能等级认定	生产专业（调控、输变配电、送变电等）申报本年度技师评价的技能	12	1	200	2400	人力资源部	4月、5月(5)、6月(5)、7月	单位1、单位2、单位3、……
2	×××	其他专业技师及以下技能等级认定	其他专业申报本年度技师评价的技能人员	8	1	300	2400	人力资源部	4月、5月(3)、6月(3)、7月	单位1、单位2、单位3、……
3	×××	××专业技师技能等级认定	申报本年度高级技师评价的技能人员	10	1	240	2400	人力资源部	8月、9月(4)、10月(4)、11月	单位1、单位2、单位3、……

四、计划下达

国网山东省电力公司模版如下所示。

国网山东省电力公司××文件

人资〔202×〕号

关于下达20××年评价计划的通知

公司所属各部门、单位，各地市供电公司：

为贯彻落实国家职业改革工作要求，加强全员培训和人才培养，持续提升一线队伍素质，聚焦市县一体管理新提升，坚持以党的建设为统领，为全力争创新时代"四个最好"、加快建设具有中国特色国际领先的能源互联网企业提供有力支撑，公司编制了××××年评价计划，现予下达，请认真遵照执行。

（一）认真落实评价计划

严格培训计划刚性管理。紧紧围绕公司中心工作，以构建全球能源互联网、依法治企、制度标准宣贯、专业能力提升等为重点，科学设计评价内容。

（二）切实保证评价质量

……

（三）持续创新评价方式

……

40

（四）全面加强评价安全管理

各单位要认真贯彻《国网人资部关于加强培训安全管理工作的通知》（人资培〔2015〕28号），全面落实各级各类人员的安全责任。健全安全管理制度和组织体系；建立安全督查常态机制，及时消除各类风险隐患；按照现场标准化作业流程组织实施实训项目，编制实训项目标准化作业指导书，加强实操训练、安全设备设施和工器具管理，切实将安全措施落实到实训、住宿、餐饮、交通、消防等各个环节。

（五）严格执行评价纪律

落实中央八项规定和《国家电网有限公司教育培训项目管理办法》（国家电网企管〔2019〕428号）等制度要求，严格执行"七不一禁"，厉行节约，规范经费使用。建立健全学员考勤、考试、考核等管理制度，严肃评价纪律，切实加强学员管理。

附件：国网××公司××××年评价计划表

国网山东省电力公司××供电公司

202×年××月××日

（此件发至收文单位本部及所属单位）

附件　　　　　　　　评 价 计 划 下 达 样 表

国网××公司××××年评价计划表

序号	项目编号	项目名称	评价对象	评价期次	每期天数	每期人数	评价总人次	主办部门	举办时间	实施单位
1	××	2022年技能等级认定	申报本年度高级技师评价的技能人员	8	7	90	720	党委组织部（人力资源部）	03（1），04（1），05（1），06（1），07（1），08（1），11（1），12（1）	××基地
2	××									

五、月度计划安排

各承办单位制定月度工作安排，每月25日前将次月工作安排报评价中心备案。每月15日前，各单位按照要求及时提报下个月评价计划表、考评员需求计划表、参评人员回执表。月度计划安排表见表3-4～表3-6。

表3-4　　　　　　　　　　月度评价工作安排（样表）

评价基地（盖章）：　××实训基地　　　　　填报日期：×××年×××月

序号	评价工种	评价等级	评价时间	计划总人数	基地1	基地2	基地3	…	…	备注
1	工种1	技师	××××年××月××日～××日	36人	4	6	2			
2	工种2	高级工	××××年××月××日～××日	45人	3	5	1			
3	工种3	技师	××××年××月××日～××日	39人		2	4			

表3-5　　　　　　　　　　考评员需求计划样表

序号	评价基地所属单位	参评人员所在单位	评价等级	参评人数	评价工种	考评员人选推荐	考评员所在单位	报到时间	起止时间	报到地点	备注
1											
2											

表3-6　　　　　　国网××省电力公司技能等级评价参评人员报名（样表）

申报单位盖章　　　　　　　　　填表人：　　　　　　　年　月　日

序号	姓名	身份证号码	性别	民族	手机号	电子邮箱	所在单位	所在岗位	户籍省	户籍市	常住省	常住市	开始工作时间（计算工龄）	计算入职年限	学历	申报工种	申报等级	申报方式	是否	评价等级	备注
1	张三	310××××××××××××××03	男	汉	177××××××××32	80××××××33@163.com	××××（请务必填写单位全称）	××供电所台区经理（综合柜员）	××省	××市	××省	××市	19970105	20001025		农网配电营业	初级工				

六、计划调整/新增/撤销审批

（1）计划内调整：评价工作应按行文计划刚性执行，确因工作原因或资源限制不能按期举办或取消的，由主办部门填写《国网山东省电力公司计划调整审批表》，履行审批程序后调整执行。

（2）计划外调整：未列入行文计划的评价工作，原则上不允举办，确因重要事项需要开展的计划外评价工作，由主办单位填写《国网山东省电力公司评价项目审批表》《国网山东省电力公司计划外评价项目审批表》，履行审批程序后执行。

第二节　员工评价申报

本节通过对国网技能等级评价管理系统的应用演示，面向管理员和员工系统描述了技能等级评价线上项目创建管理、申报审批的全流程，同时结合线下业绩资料整理规范及审核要点进行说明，为管理员和员工在评价申报环节的工作提供相关依据。

一、申报等级维护

根据开展评价的技能等级和申报条件进行维护。高级技师申报条件及所需附件信息由指导中心维护，技师及以下申报条件及所需附件信息由评价中心或受托地市公司维护。申报等级维护基于国家电网公司技能等级评价管理系统由各层级管理员操作完成。

（一）菜单路径

国网技能等级评价管理系统登录→管理员端→人才发展→技能等级评价→基础数据维护→申报等级维护。

（二）申报条件及所需附件信息维护

管理员进入【申报等级维护】页面，对技能等级评价申报条件及所需附件信息进行维护。维护信息启用后可在学员端展示，只有已启用的等级才能申报，见图 3－1。

图 3-1 申报系统截图（一）

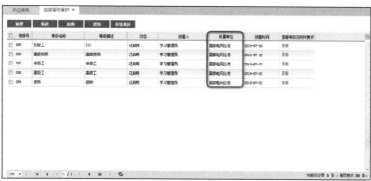

图 3-1　申报系统截图（二）

二、评价项目发布

根据评价等级创建发布技能等级评价项目。高级技师评价项目由指导中心创建发布，技师及以下评价项目由评价中心或受托地市公司创建发布。技能等级评价项目创建发布基于国网技能等级评价管理系统由各层级管理员操作完成。

项目创建分为认定和认证。其中，认定对应直接认定条件，认证对应晋级申报、职称贯通和同级转评条件。创建发布的项目可在学员端各等级入口下展示，学员可报名参加本省及国网公司技能等级评价项目。

（一）菜单路径

国网技能等级评价管理系统登录→管理员端→人才发展→技能等级评价→项目管理。

（二）项目创建发布

管理员进入【新增项目】页面，根据相应技能等级评价工作安排填写项目基本信息并保存发布项目，见图3-2。

图3-2 创建系统截图（一）

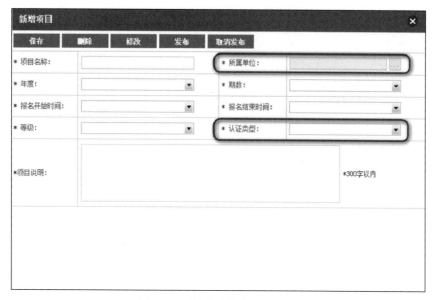

图 3-2　创建系统截图（二）

三、通知公告发布

（一）国网技能等级评价管理系统发布

各层级管理员可根据技能等级评价工作需要发布相应的通知公告。例如评价通知、报名审核结果公示、评审公示等各类通知或公告信息。高级技师通知公告由指导中心发布，技师及以下通知公告由评价中心或受托地市公司发布。

管理员选中项目列表中的对应条目，进入【通知公告】页面，可对选中项目发布通知公告，见图 3-3。

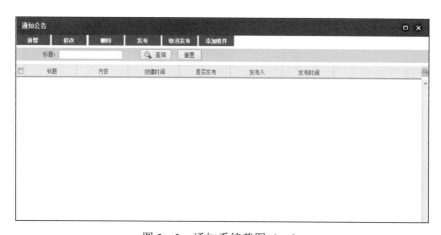

图 3-3　通知系统截图（一）

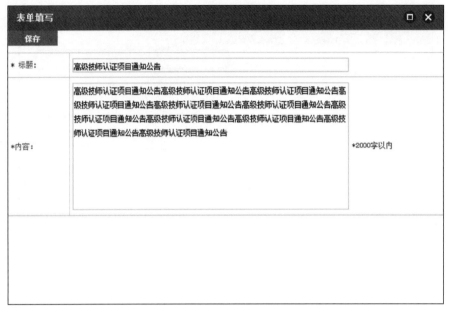

图 3-3 通知系统截图（二）

（二）线下发布

根据技能等级评价工作安排，由指导中心发布高级技师评价通知，评价中心发布技师及以下评价通知，通过办公系统传达至各相关单位。

（三）评价通知发布内容要素

技能等级评价通知应包含评价工种和等级、申报条件、评价内容、评价时间和地点、业绩资料整理规范以及相关工作要求等要素。

四、员工申报

（一）阅读通知公告

1. 在线通知阅读

菜单路径：国网技能等级评价管理系统登录→技能等级评价→通知公告。

学员登录国网技能等级评价管理系统首页，进入【技能等级评价】页面查看【新闻公告】列表，找到相关评价通知，认真阅读详细信息。学员业绩申报需用到的样表附件可通过【下载中心】下载使用，见图 3-4。

图 3-4 下载系统截图

2. 线下通知阅读

线下通知通过办公系统发布，除包含在线通知相关要素外，对业绩申报所用样表附件的种类、数量、填报要求作出详细规范，员工应参照说明进行业绩资料整理。

（二）在线报名

1. 菜单路径

国网技能等级评价管理系统登录→技能等级评价→等级快捷入口。

学员登录国网技能等级评价管理系统首页，进入【技能等级评价】页面相应评价等级快捷入口进入【在线报名】页面，见图3-5。

图3-5　报名系统截图

2. 在线报名

报名流程：选择评价项目→选择申报条件→个人信息填报→查看报名结果。

（1）选择评价项目。

学员进入【在线报名】页面，页面展示相应等级举办的技能等级评价项目。学员选择应申报的评价项目，点击蓝色【报名】按钮进入【申报条件】页面。此时，若【报名】按钮为灰色，则表示报名时间已结束；如已完成报名，则按钮显示【已报名】状态，并可通过【查看详情】按钮查看具体申报详情，见图3-6。

图 3-6　查看系统截图

（2）选择申报条件。学员进入【申报条件】页面，根据个人实际情况选择对应的申报条件，若同时满足多个条件，可选其中任一条。勾选条件后，点击【下一步】进入【个人信息填报】页面，见图 3-7。

图 3-7　填报系统截图

（3）个人信息填报。学员进入【个人信息填报】页面，按照填写须知逐项规范填写个人基本信息和业绩信息并上传证明材料。填报完毕选择【预览上报】生成申报表，学员检查无误后点击【提交审核】将申报信息提交至地市公司管理员处审核，见图3-8。

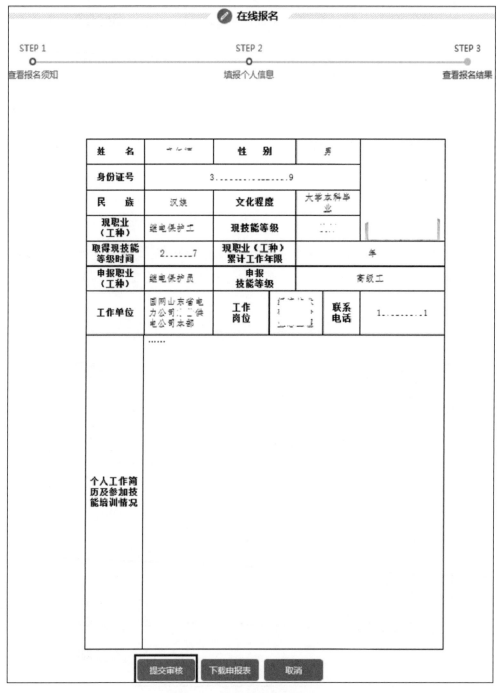

图3-8　报名系统截图（一）

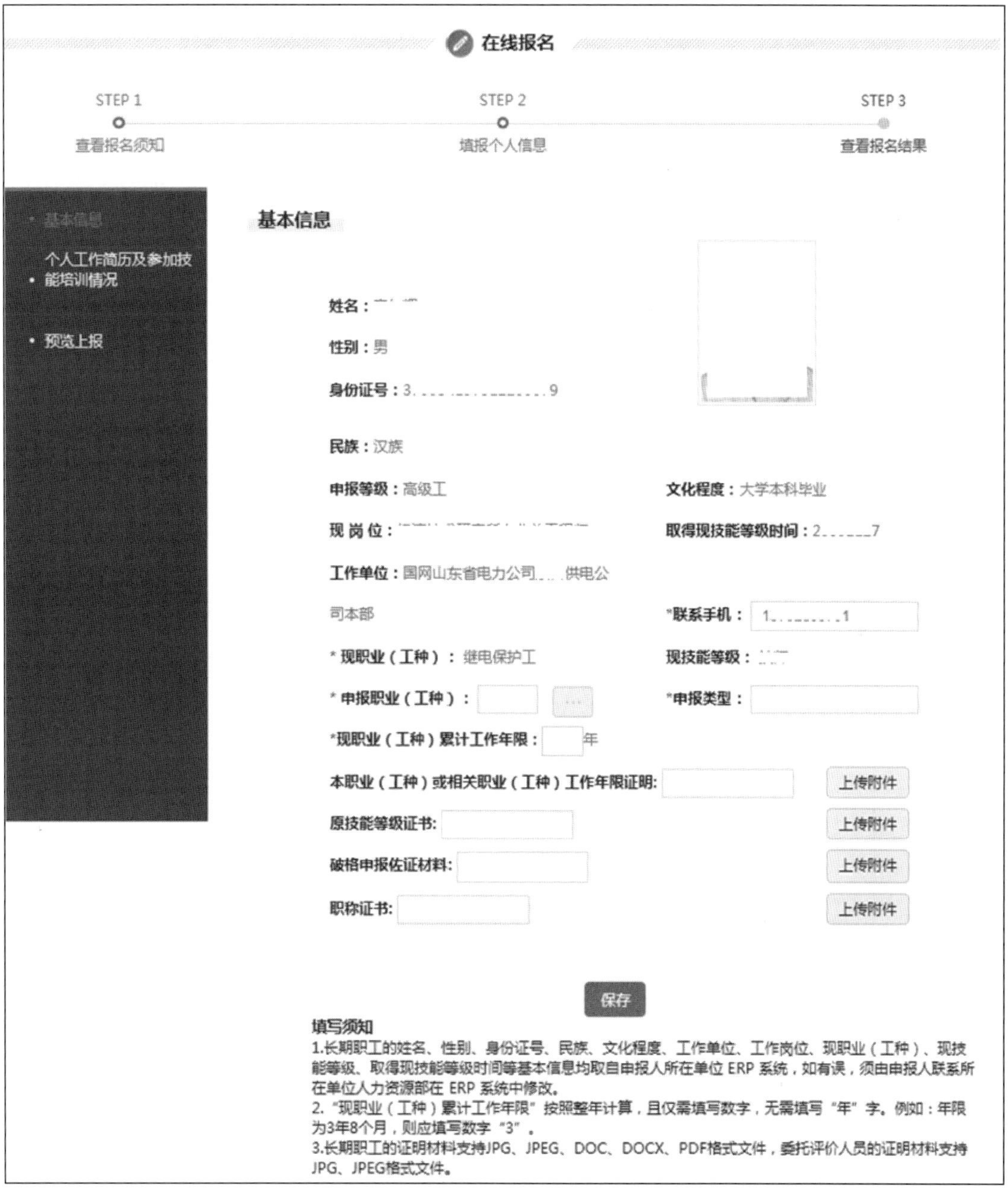

图 3-8　报名系统截图（二）

（4）查看报名结果。学员报名信息提交审核后，系统自动跳转至【查看报名结果】页面并显示审核状态。若申报信息被退回，学员可进入【在线报名】页面查询审核状态并参照退回意见重新修改上报。若审核状态显示不通过，则在线报名终止，学员可通过驳回意见查看不通过原因，见图 3-9。

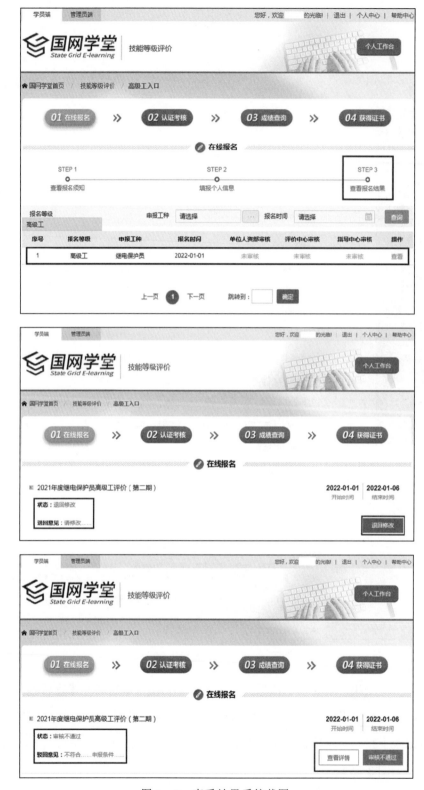

图 3 - 9 查看结果系统截图

（三）业绩资料整理

参评人员按照相应等级评价要求整理上报业绩资料。

电子材料：通过系统或平台导出申报表，并将身份证、技能等级或职称证书、直接认定佐证材料、职工专业岗位工作年限证明、有关业绩成果证明支撑材料等进行扫描整理，所有电子文件命名均须体现材料种类，如"身份证""技能等级证书""工作年限证明"等。最后把个人所有材料存放在一个文件夹内，以"姓名-身份证号-评价范围"命名，如"张三-3701××-电力调度（主网）"，并打包成一个同名的压缩文件。个人材料逐级汇总至地市公司级单位人资部门，在参加专业技能考核前提交评价基地。

纸质材料：各等级评价均需提供技能等级评价申报表（一式两份），申报高级工及以上等级者还需提供工作业绩证明。

1. 高级技师申报材料

（1）高级技师评价申报材料目录。

（2）高级技师评价申报表。

（3）专业技术总结。

（4）身份证复印件。

（5）工作年限证明。

（6）申报条件证明材料（技师证书复印件/副高级职称证书复印件/技能竞赛表彰文件、证书复印件/高级技师证书复印件）。

（7）个人工作业绩、技艺特长、贡献成果（技术革新、技术改造、科技成果转化、关键问题处理；编写规程、规范、标准、教案及发表论文、著作；技能竞赛获奖；技艺传授、技能培训；荣誉称号）证明材料复印件。

（8）工作业绩评定表。

（9）其他支撑材料。

2. 技师申报材料

（1）技师评价申报材料目录。

（2）技师评价申报表。

（3）专业技术总结。

（4）身份证复印件。

（5）工作年限证明。

（6）申报条件证明材料（学历证书复印件/高级工证书复印件/中级职称证书复印件/技能

竞赛表彰文件、证书复印件/技师证书复印件）。

（7）个人工作业绩、技艺特长、贡献成果（技术革新、技术改造、科技成果转化、关键问题处理；编写规程、规范、标准、教案及发表论文、著作；技能竞赛获奖；技艺传授、技能培训；荣誉称号）证明材料复印件。

（8）工作业绩评定表。

（9）其他支撑材料。

3．高级工及以下等级评价申报材料

（1）高级工及以下等级评价申报表。

（2）身份证复印件。

（3）工作年限证明。

（4）申报条件证明材料（学历证书复印件/中、初级工证书复印件/助理级职称证书复印件/技能竞赛表彰文件、证书复印件）。

（5）工作业绩评定表。

（6）其他支撑材料。

4．业绩材料填报及整理规范

（1）使用模板样表时删除"附件×"字样。

（2）单位名称按照所在单位规范全称填写。

（3）申报工种名称按照《国家电网有限公司技能等级评价管理办法（征求意见稿）》附表《技能等级评价工种目录》中"国家电网公司原技能等级评价对应工种"规范名称填写；已取得工种名称、等级按照技能等级证书填写。

（4）评价申报表基本情况和工作经历栏数据取自集中部署 ERP 相关人事信息，若数据不准确可联系所在单位人资部门进行修改，申报表其他数据栏信息填报应按照填报须知要求按照时间顺序进行填报。

（5）评价申报表由系统导出 pdf 格式并打印装订，采用 A4 幅面双面彩打。打印装订份数为 2 份。

（6）评价申报表需经所在单位人资部门审核后逐页签章并填写"推荐和评价考核情况"意见。意见应根据实际情况填写，不能使用"同意"或"符合要求"字样代替，要有结论性评语并以"符合高级技师（技师/高级工/中级工/初级工）申报条件，同意推荐。"字样结尾。

（7）高级技师、技师需撰写专业技术总结。专业技术总结应按照模板示例规范撰写，反映个人实际工作情况，体现个人技术水平和专业能力，不能用工作总结代替，内容中不能出现单位和姓名，字数高级技师不少于 3000 字、技师不少于 2000 字。

（8）身份证正反两面复印在同一张 A4 纸上进行扫描，应上下排列整齐，间距 5 厘米。

（9）工作年限证明需提供盖章扫描件 1 份，由所在单位人资部门填写，负责人签字并加盖人资公章。工作年限证明分为"晋级申报""职称贯通""同级转评""直接认定"四类，应根据申报条件选择使用。现从事工种按照申报工种填写，已取得工种和等级按照技能等级证书填写。

（10）申报条件证明材料均提供 pdf 格式。根据个人满足的申报条件提供证明材料，学历需提供证书扫描件或学信网证明；技能等级证书包括等级页、照片页、信息页并排列整齐扫描；职称证书包括编号页、照片页、信息页并排列整齐扫描；技能竞赛获奖证书或表彰文件扫描件。

（11）工作业绩、技艺特长、贡献成果等证明材料按照申报表填报顺序分类整理合并。

（12）业绩资料应按照培训证明，主要工作业绩证明，技术革新、改造、科技成果等证明材料，著作、规程、论文（获奖）证明材料，各类竞赛获奖证书，师带徒、培训授课、技能教练的证书或文件，个人荣誉证书及证明材料的顺序排列。

（13）工作业绩评定表原件 1 份，由用人单位成立业绩评定小组，对个人工作业绩进行评价，所有得分项均需有对应的佐证材料，由业绩评定小组进行审核确认，并根据实际情况填写评语，不能使用"同意"或"符合要求"字样，要有结论性评语。所在单位意见由人资部门负责人签字，加盖人资部门章。

五、资格审核

学员完成在线报名提交审核后，各层级管理员可对学员报名资格进行审核。

（一）菜单路径

国网技能等级评价管理系统登录→管理员端→人才发展→技能等级评价→项目管理→相应评价项目→资格审核→单位人资部审核。

（二）单位人资部（地市公司）审核

单位人资部（地市公司）管理员对市、县公司学员报名资格进行初审，确认信息完毕后点击【审核通过】将学员报名资格提交至评价中心审核；点击【退回修改】并写明退回修改理由，学员可在【在线报名】页面查看到报名资格审核状态为退回，并按照退回修改意见对报名信息进行修改并重新提交审核；点击【审核不通过】并写明驳回理由，学员可在【在线报名】页面查看到报名资格审核状态为审核不通过，该学员在本项目的在线报名流程终止，无法重新申报，见图 3-10。

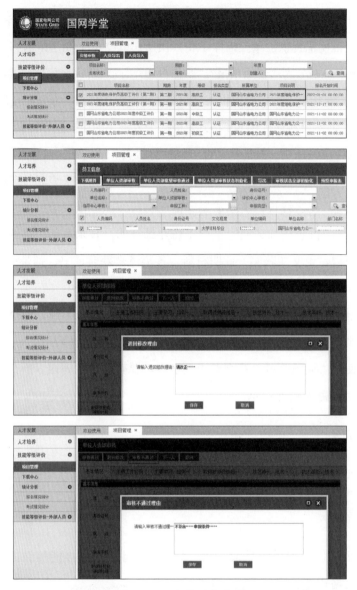

图 3-10　审核系统截图

（三）评价中心（省公司）审核

评价中心对地市公司审核通过学员的报名资格进行复审，审核方式同上，且评价中心可以对地市公司未审核的学员进行审核。

（四）指导中心（国家电网公司）审核

指导中心对评价中心审核通过学员的高级技师报名资格进行审核，审核方式同上，且指导中心可以对评级中心和地市公司未审核的学员进行审核。

（五）资格审核要点

主要审核申报人员基本情况是否满足申报条件以及业绩资料的真实性、完整性、规范性。

（六）申报条件审核要点

1. 岗位性质

申报人员应为技术、技能岗位。

2. 申报条件

应至少满足晋级申报、职称贯通、同级转评或直接认定其中一种申报条件。

3. 学历

申报使用的学历层次应与申报等级申报条件相匹配，所学专业应为申报专业或相关专业，毕业时间应在申报要求截止日期之前。

4. 资格证书

申报使用的技能等级证书工种应与申报工种一致，或是申报工种的相关工种，证书等级符合申报等级申报条件要求，取证日期至申报截止日期年限满足申报等级申报条件要求；申报使用的职称证书等级符合申报等级申报条件要求，取证日期应在申报要求截止日期之前。

5. 专业工作年限

从事本职业工种或相关职业工种工作年限可以累加，计算累计工作年限应满足申报等级申报条件要求。

6. 技能竞赛表彰

申请直接认定的情况，需提供技能竞赛表彰文件和证书。表彰类型应为技能竞赛，表彰级别以文件或证书落款签章单位界定，表彰应为个人名次或等级，且以上均需满足申报等级申报条件要求。

（七）业绩资料审核要点

1. 业绩资料的完整性

主要审核相应等级评价所需申报材料的种类、数量、签章是否齐全完备。

2. 业绩资料的真实性

主要审核申报使用的资格证书、获奖证书、荣誉证书、表彰文件、论文著作、规程规范、工作业绩等资料的真实性。

3. 业绩资料的规范性

主要审核申报表的填写、业绩资料的整理、签章是否正确规范，符合相关要求。

六、报名统计表模板

（一）技能等级评价采用在线报名方式在国网技能等级评价管理系统完成

学员报名信息填报完成并提交审核后，各层级管理员可进入【资格审核】页面【导出】《技能等级报名信息导出列表》。

（二）菜单路径

国网技能等级评价管理系统登录→管理员端→人才发展→技能等级评价→项目管理→项目名称→资格审核→导出，见图 3-11。

图 3-11　导出系统截图

第四章
技能等级评价实施流程与方法

本章作为考务实操手册的重要组成部分，对技能等级评价实施流程及方法进行了较为翔实的讲解，主要介绍了技能等级评价实施方案编制思路、实施流程编制要点及各环节具体注意事项等内容，共包括评价工作方案、评价考务实施方案编制、考评准备等十部分内容。

第一节　评　价　工　作　方　案

本节明确了评价工作的整体思路要求、具体评价方式等内容，为考务实施方案的编制及实施提供支撑。本节共包含工作原则、职责分工、评级方式及内容、保障措施四部分内容。

一、工作原则

为深入贯彻落实各级人社部门、国家电网公司职业技能等级认定及备案工作要求，严格执行国家电网公司技能等级评价管理制度，在确保公司各项工作正常开展的前提下，统筹考虑各实训站评价资源和承载力情况，根据《国家电网有限公司技能等级评价管理办法（征求意见稿）》《国家电网有限公司高级技师评价实施细则（征求意见稿）》和《国家电网有限公司技师及以下等级评价工作规范（征求意见稿）》要求，坚持战略引领，服务发展的原则；放管结合，分级评价的原则；机制创新，激发活力的原则；统筹推进，规范实施的原则。

二、职责分工

（一）成立领导小组

人员及职责如下：

组长：省公司人资部负责人。

副组长：省公司人才评价中心负责人。

成员：省公司人才评价中心专工、市公司人资部负责人、专业部门负责人。

职责：① 负责全面领导本次评价工作；② 负责审定考务实施方案；③ 负责对方案实施全过程进行监督指导；④ 负责协调解决方案实施中的重大事项。

（二）成立综合管理及评价实施两个工作小组

人员及职责如下：

综合管理小组

组长：省公司人才评价中心负责人。

副组长：省公司人才评价中心专工、市公司人资部负责人、专业部分负责人。

成员：市公司人资部人才评价管理人员、专业部门相关人员。

职责：① 负责编制考评实施方案；② 会同考点单位制定考务工作方案并监督实。③ 负责协调组织相应考点的考务、考试、监督和后勤保障等具体工作；④ 负责公示考评结果，并将通过人员名单上报公司人资部审核。

评价实施小组

组长：考点负责人。

副组长：市公司人资部人才评价管理人员、专业部门相关人员。

成员：评价实施专责人。

职责：① 负责严格按照考务实施方案执行评价工作；② 做好相应的考务、考试后勤保障等具体工作；③ 负责评价现场的安全管理；④ 建设和维护评价设备设施，管理评价档案。

三、评价方式及内容

评价方式分为考核评价和直接认定两种。考核评价是指公司对符合申报条件，且通过考试考核的职工，确认相应技能等级。直接认定是指公司对在职业技能竞赛中取得优异成绩的职工，免除考试考核要求，直接认定相应技能等级。

高级技师、技师等级评价应包括工作业绩评定、专业知识考试、专业技能考核、潜在能力考核、综合评审等；高级工及以下等级评价原则上包括工作业绩评定、专业知识考试、专业技能考核等。

（一）工作业绩评定

由申报人所在单位人力资源部门牵头成立工作业绩评定小组，对其安全生产情况、日常工作态度、取得的工作成就、工作业绩等进行评定。重点评定工作绩效、创新成果和实际贡献等工作业绩，满分 100 分。评定小组签署意见，人力资源部门审核后盖章。评定小组人数不少于 3 人（含组长 1 名）。

（二）专业知识考试

采用机考或笔试，重点考查基础知识、专业知识及新标准、新技术、新技能、新工艺等知识。

1. 考核方式及时长

各等级专业知识考试均采用国网学堂闭卷考试，满分 100 分。相关要求如表 4−1 所示。

表 4−1　　　　　　　　　　　　　考 试 分 值 表

评价等级	单选题		多选题		判断题		题目数量	总分值	考试时限
	数量	分值	数量	分值	数量	分值			
初级工	70	0.5	40	1	50	0.5	160	100	90 分钟
中级工	70	0.5	40	1	50	0.5	160	100	90 分钟
高级工	100	0.4	60	0.8	40	0.3	200	100	90 分钟
技师	100	0.4	80	0.4	70	0.4	250	100	90 分钟

2. 命题及组卷

采用封闭命题方式，命题过程应符合技能等级评价保密规定，按照以下要求执行：

（1）每职业（工种）每等级命题专家不少于 2 人，命题专家应在本专业领域具备一定的权威性。

（2）试题来源包括国家电网公司统一编制的技能等级评价题库（以下简称"公司题库"）、各省电力公司级单位根据地域、专业和岗位差异自行编制的补充题库（以下简称"补充题库"）以及专家封闭过程中现场命题。

（3）技师等级专业知识考试中，从国家电网公司题库中抽取的题目总分值不少于 60 分，专家现场命题的题目总分值不少于 10 分。

（4）高级工及以下等级专业知识考试，可全部从国家电网公司题库及各省电力公司级单位补充题库中抽取，也可加入专家现场命题。

3. 考试地点及监考要求

专业知识考试应在计算机机房中进行，监考人员与考生配比不低于 1∶15，且每个考场不少于 2 名监考人员。

（三）专业技能考核

采用实操考核，重点考核执行操作规程、解决生产问题和完成工作任务的实际能力。

1. 考核方式及时长

专业技能考核满分 100 分，采用实操方式进行考核，由评价中心牵头或授权成立考核小组并组织实施，考核时限严格按相应评价标准要求执行。

2. 考核内容

专业技能考核从公司题库或补充题库中随机抽取 1~3 个考核项目进行。对于设置多个考核项目的，各考核项目应与评价标准中规定的不同职业功能相对应。

3. 考核地点及监考要求

专业技能考核应在具有相应实训设备、仿真设备的实习场所或生产现场进行。考评员应为 3 人及以上单数，依据评分记录表进行独立打分，取平均分作为考生成绩。对于设置多个考核项目的，每个考核项目均应达到 60 分及以上。

（四）潜在能力考核

采用专业技术总结评分和现场答辩，重点考核创新创造、技术革新以及解决工艺难题的潜在能力。各单位成立考评小组，每职业（工种）不少于 3 人（含组长 1 名）。潜在能力考核成绩由两部分构成。一是考评小组对申报人的专业技术总结做出评价，满分 30 分；二是对申报人进行潜在能力面试答辩，满分 70 分。潜在能力考核满分 100 分，各考评员独立打分，取平均分作为考生成绩。

（五）评价结果认定

技师等级评价总成绩按工作业绩评定占 10%、专业知识考试占 30%、专业技能考核占 50%、潜在能力考核占 10% 的比例计算汇总，各项评价成绩 60 分及以上且总成绩 75 分及以上者进入综合评审；高级工评价总成绩按照专业知识考试成绩占 40%，专业技能考核占 50%，工作业绩评定成绩占 10% 的比例计算汇总，各项评价成绩均在 60 分及以上且总成绩 75 分及以上者视为合格；中级工总成绩按照专业知识考试成绩占 50%，专业技能考核占 50%，各项评价成绩均在 60 分及以上且总成绩 75 分及以上者视为合格；初级工总成绩按照专业知识考试成绩占 60%，专业技能考核占 40%，各项评价成绩均在 60 分及以上且总成绩 75 分及以上者视为合格。

（六）综合评审

采用专家评议,综合评审技能水平和业务能力。由评价中心牵头,分工种成立综合评审组,对参评人员提交的业绩支撑材料、专业技术总结、各环节考评结果等进行综合评价,采取不记名投票方式进行表决,三分之二及以上评委同意视为通过评审。每专业不少于 5 人(含组长 1 名),评委应具有高级技师技能等级或副高级及以上职称。

四、保障措施

1. 加强组织领导

各单位要评价工作重要意义的认识,明确分工,落实责任,协同推进,稳妥推进评价工作。

2. 加强安全管理

考点实行封闭式管理,组织全员签订《安全承诺书》,宣贯安全管理规定和保障措施,确保参评人员熟知消防通道和应急预案。

3. 突出质量管控

组织全体工作人员召开考务会,统一标准和原则,按照细则和方案要求,逐人逐项落实责任分工,确保评价流程严谨规范。

4. 细化保密措施

组织考评员和考务工作人员签订《保密协议》,对考题编制、试卷印刷等核心环节邀请考点单位纪委现场进行监督,确保公平公正。

5. 严格监督执行

在质量督导员和纪委工作人员监督下,严格按照规定流程开展工作,及时汇总考试成绩并签字确认,做到数据准确、评价透明、结果公开。

6. 严肃结果考核

严格落实公司方案,督促各单位严格执行,对工作组织不力、产生舆情风险、造成不良影响的单位及个人进行严格考核。严格评定各环节量质期要求。

7. 严格疫情防控

落实常态化疫情防控有关要求,规范开展体温检测、区域消杀等防疫措施。具体开展评价时,所有参加人员须按要求规范佩戴口罩,主动出示山东省电子健康二维码(绿码)、并现场签署疫情防控承诺书。

8. 注重宣传引导

注重典型培养选树,及时总结宣传评价过程中好做法、好经验,营造"比学赶超、

"奋力争先"的浓厚氛围，形成"敢于争先、人人争先、全面争先"的工作格局。

第二节　工作业绩评定实施

对于晋级评价，主要评定申报人取得现技能等级后在安全生产和技能工作中取得的业绩。对于同级转评，主要评定申报人转至现岗位后在安全生产和技能工作中取得的业绩。

由申报人所在单位人力资源部门牵头成立工作业绩评定小组，对其安全生产情况、日常工作态度、取得的工作成就、工作业绩等进行评定。重点评定工作绩效、创新成果和实际贡献等工作业绩，满分 100 分。评定小组签署意见，人力资源部门审核后盖章。评定小组人数不少于 3 人（含组长 1 名）。

根据评价实施需要，编制工作业绩评定表见表 4-2：

表 4-2　　　　　　　　　工 作 业 绩 评 定 表

考核项目	标准分	考核内容	分项最高分	实际得分	备注
安全生产	25	三年内无直接责任重大设备损坏、人身伤亡事故。发现事故隐患，避免事故发生或扩大（主要人员）	15		
		遵守安全工作规程，没有安全生产违规现象	8		
		获得安全生产荣誉称号	2		
工作成就	65	自参加工作之日起至今无任何事故	7		
		技术革新、设备改造取得显著经济效益（主持或主要人员）	4		
		发现并正确处理重大设备隐患（主要人员）	10		
		参加或担任重大工程项目、设备运行调试（主要人员）	4		
		在解决技术难题方面起到骨干带头作用	5		
		传授技艺、技能培训成绩显著	20		
		组织或参加编写重要技术规范、规程	10		
		工作中具有团结协作精神，有较强的组织协调能力	5		
工作态度	10	自觉遵守劳动纪律、各项规章制度	6		
		对工作有较强的责任感，努力钻研技术、开拓创新	4		
合计					
业绩评定小组评语	组长（签字）：　　　　　　　　年　月　日				
申报人所在单位意见	人资部门（章）人资部门负责人（签字）：　　　年　月　日				

申报人姓名：　　　　　　　　　　单位：

申报工种：

说明：1. 本表由申报人所在单位人资部门组织填写。

2. 晋级评价工作业绩评定内容以取得现技能等级后为准。

3. 技术革新、设备改造、合理化建议及荣誉称号等均需附有关证明材料。

第三节 技能等级评价实施方案

本节内容根据《国家电网有限公司技能等级评价管理办法》《国家电网有限公司技师及以下等级评价工作规范（征求意见稿）》及有关规定，结合公司实际编写。

本节包含分工安排、评价工作日程安排表、考评内容、评价实施要求四部分内容。

一、分工安排

各考点须设立考务组、考评组、监督巡考组、后勤保障组等四个工作小组，具体要求如下：

（一）设立考务组

成员组成及职责如下：

组长：市公司人资部或考点负责人。

成员：市公司人资部人才评价管理人员、考点相关人员。

职责：① 负责制定本考点考务方案并组织实施；② 负责考场的编排，考评小组分工安排、专业知识考试监考人员的安排、国网学堂考试环境调试和考务准备工作；③ 负责专业技能考核场地布置、工器具材料准备、考评资料准备、考评现场服务；④ 负责潜在能力答辩场地的布置、整理，考评资料准备，考评现场服务；⑤ 负责考场标志、提示和警示标牌，以及监考证、巡考证等证件的配置；⑥ 负责组织召开考点考务会；⑦ 负责各项考核成绩统计、上报工作；⑧ 负责考试的组织协调、突发事件的处理；⑨ 负责考核资料的整理、归档工作，评审材料整理要求讲解和指导工作。

（二）设立考评组

成员组成及职责如下：

组长：考评员。

成员：考评员。

职责：① 负责专业知识考试监考工作；② 负责抽取专业技能考核项目并统一确定评分标准；③ 负责专业技能考核考评及安全监督工作；④ 负责专业技术总结评分和成绩统计工作；⑤ 负责开展潜在能力面试答辩工作、完成答辩评分和成绩统计；⑥ 负责汇总计算各考核项成绩并提交；⑦ 负责协商解决与考核内容、标准等有关的问题。

（三）设立监督巡考组

成员组成及职责如下：

组长：公司质量督导员（公司选派）。

成员：市公司有关监察人员、人才评价管理人员。

职责：① 负责制定本考点监督巡考组工作方案并组织实施；② 负责专业知识考试、专业技能考核、潜在能力考核的及巡考工作；③ 负责对考核过程和考评小组工作情况进行质量督导和纪律监督；④ 协助处理考核期间的突发事件，维持考核工作秩序。

（四）设立后勤保障组

成员组成及职责如下：

组长：考点管理人员。

成员：考点有关人员。

职责：① 负责制定本考点后勤保障组工作方案并组织实施；② 负责考场视频监控设备的调试与保障工作；③ 负责考核期间电脑、打印机、封装袋、纸笔等办公和考务用品准备和各考核现场执勤服务工作；④ 负责考场网络运行服务及相关技术支持工作；⑤ 负责考核期间的水电保障及医疗服务工作；⑥ 负责考核期间的安全保卫工作；⑦ 负责处理突发事件及应急救援工作；⑧ 负责人员报到引导和现场咨询服务工作；⑨ 负责执行基地疫情防控要求（核查健康码、健康证明）。

二、评价工作日程安排表

评价工作日程安排表力求翔实，做到时间细化、工作明确，适用性强、操作性高。评价工作日程安排表（以技师评价为例）如表 4-3 所示，考评流程图如图 4-1 所示。

表 4-3　　　　　　　　　　　　评价工作日程安排表

日期	工作内容	工作要求	参加人员
考评前	考务筹备	拟定工作分工、考场编排、考评小组分组、准备考核场地、考试用品，张贴宣传标语、考场规则、考场分布等	考务组
前一天 18:00 前	考评员报到	考评员报到	考评组

续表

日期	工作内容	工作要求	参加人员
第一天 08:30	考务会	第一阶段由考务组组长统筹安排考务、监考、后勤保障和治安保卫工作，并组织全员学习有关规定和要求，签订《安全承诺书》和《保密协议》。 第二阶段限考评员参加，由考评组长宣布考评工作安排及分工	全部工作组
第一天 09:00～19:00	封闭命题	考评组命题人员进行专业知识考试封闭命题	考评组
第一天 14:00 前	参评人员报到	引导和接待参评人员，收集申报资料	后勤保障组
第一天 14:30～15:30	安规考试 （建设、生产 工种）	采用国网学堂网络大学机考方式，由考务组负责组织，安规考试通过方可参加评价	考务组 督导巡考组
第一天 18:00 前	材料准备	考务组 2 名专人对参评人员进行编号，打印参评人员编号表并签字确认，并从参评人员档案袋中抽取封面和正文分开的 3 份专业技术总结，对照编号表将人员编号写在正文第一页右上角，去掉封面。按照编号顺序整理并妥善放置保管，用于专业技术总结评分工作	考务组专人
	参观考场	后勤保障组人员带领参评人员参观考场	后勤保障组
第一天 19:00～20:30	专业知识考试	组织开展专业知识考试	监考人员 考务组 督导巡考组
第二天 08:30～17:30	专业技能考核、 答辩	（1）组织开展专业技能考核。 （2）考评小组对参评人员进行答辩提问，共 3～4 条答辩题目，根据考试回答情况进行评分	考评组 督导巡考组
第二天 19:00～20:30	技术总结打分	考评员对参评人员技术总结进行评分	考评组 督导巡考组
第三天 08:30～12:00	专业技能考核、 答辩	（1）组织开展专业技能考核。 （2）考评小组对参评人员进行答辩提问，共 3～4 条答辩题目，根据考试回答情况进行评分	考评组 督导巡考组
第三天 14:00～15:00	总结收尾	召开本批次评价工作总结会，统计考评分数，填写申报表，考评组提交考评报告，本批次评价过程资料整理归档	全体考务、考评、督查巡考、后勤保障等工作组人员
同一工种全部批次考评结束后单独进行	综合评审	开展综合评审	考评组 督导巡考组
	评审材料整理	汇总评审结果，并对应填写申报表。考点组织对申报资料按统一标准进行整理归档	考务组 考评组
	总结收尾	召开评价工作总结会，评审组长提交考评报告，资料整理归档	全体考务、考评、督查巡考、后勤保障等工作组人员

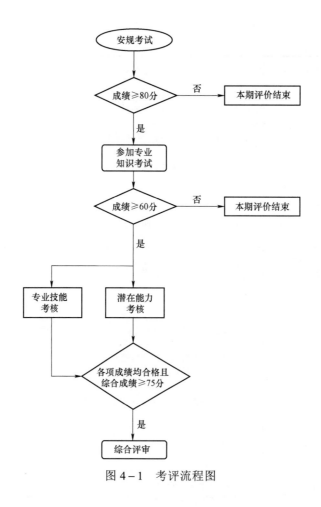

图 4-1 考评流程图

三、考评内容

1. 安规考试

对于国家电网公司安全规程覆盖的生产、建设、营销、信通等专业工种，参加评价前须通过安规考试。

2. 专业知识考试

各等级专业知识考试均采用国网学堂闭卷考试，满分 100 分。高级工及以上等级考试时限不少于 90 分钟，题量不少于 200 道；高级工以下等级考试时限不少于 90 分钟，题量不少于 150 道。

3. 专业技能考核

专业技能考核采用实操方式进行考核，考点成立考核小组并组织实施，考核时限严格按相应评价标准要求执行。

4. 潜在能力考核

潜在能力考核成绩由两部分构成。一是考评小组对申报人的专业技术总结做出评价，满分 30 分；二是对申报人进行潜在能力面试答辩，满分 70 分。

5. 综合评审

考点分工种成立综合评审专家组，每组至少 5 人（含组长 1 名），评委应具有高级技师技能等级或副高级及以上职称。

四、评价实施要求

（一）专业知识考试实施要求

1. 考点要求

考点实行封闭式管理。建立健全安全保卫及消防制度，考核期间每日进行消防安全检查。建立健全学员公寓管理制度，规范公寓的安全管理、卫生清洁工作。建立健全卫生管理制度，取得食品卫生许可证，餐厅卫生管理符合国家有关规定标准。

考点要设考务办公室、保密室、监考人员休息室、医务室、参评人员问询处、茶水处、参评人员禁带物品存放处、车辆存放处等。

2. 考务人员注意事项

理论知识考试使用网络机考进行。评价基地负责组织召开考务协调会，对考务工作进行具体的安排布置，及时协调各方面的工作。

（1）考前准备。

1）考务人员编制监考人员安排表和考场分布表，准备好考试用品（装订用具、胸牌、准考证号码、考场号码、胶水等），做好张贴考评通知、考场规则、考场分布等宣传工作。

2）落实考务人员，安排后勤保障和治安保卫工作。

3）考试前召开考务人员、工作人员和监考人员培训会议（考前准备会），布置安排本次考评的工作，学习《考场规则》《监考职责》《监考人员守则》《巡视员职责》等有关规定和要求。会后，向监考人员发放《考场规则》《监考职责》《监考人员守则》《应试人员违纪处罚暂行规定》和考试用品等。监考人员分组布置、整理考场；网络工作人员调试网络设备，彻底清理计算机内的资料信息；考务人员布置、整理考务办公室。

4）主考组织有关人员对考场进行全面检查，发现问题，及时纠正。

（2）实施考试。

1）组织召开考前会。全体考务人员提前 40 分钟到达考务办公室。由主考主持召开考前会，再次强调考风考纪和注意事项，宣布各考场监考人员分工，分发试卷、准考证存根、监考胸牌、考场记录和草稿纸等，会后考务组对考试安排情况作最后检查。

2）组织入场考试。考务人员提前 1 小时对网络考试设备进行开机调试，网络管理人员在开考前 30 分钟在命题专家和考务专人监督下导入试题并解密。监考人员到达考场，对应试人员验证入场，宣读《考场规则》和注意事项。考试过程中对参评人员违反考场纪律的情况应如实填入《考场记录》，对严重违反考场纪律的参评人员，应及时报告巡视人员或主考。

3）考试结束后，监考人员将考场记录、巡视员记录、座次表、花名册以及《考场情况记录表》一并交考务办公室。

4）考务办公室根据《考场情况记录表》，编制考评情况报表送发有关部门。

（3）成绩统计。

1）考务办公室组织人员立即从网大系统中导出考试成绩，交巡考员审验合格后，考务、巡考、监考三方共同签字确认，按规定存档。

2）使用 U 盘拷贝电子版考试成绩，并加密留存，录入成绩的 U 盘加盖"秘密"印章后由专人保管。

3. 参加考试人员注意事项

（1）参加考试人员入场。开考前 30 分钟开始入场，开考前 10 分钟入场完毕，凭身份证进入指定考场。按考试号对号入座，并把证件放在桌面左上角，以备检查。参加考试人员忘带或遗失身份证，先入场考试；监考人员做好记录，同时报告考务组，由考务组联系有关人员进行身份确认。

考试开始 30 分钟后，参加考试人员不能入场。

（2）考试用品。除黑色或蓝黑色墨水的钢笔或签字笔外，参加考试人员不能携带其他任何与考试无关的物品（包括计算器、手机、掌上电脑、电子手环、书籍、笔记、水杯等）进入考场。

（3）答题。按照考试系统提示信息作答。

（4）交卷离场。

1）开考 30 分钟内，不能交卷离场。

2）开考 30 分钟后，可以提前交卷。

3）考试结束，待监考人员确认试卷完全提交，宣布考试结束后，参加考试人员离场。

（5）作弊认定。

考试期间，有以下行为者，认定为作弊：

1）除规定考试用品以外，携带与考试无关的物品（如手机、掌上电脑等），且考试前隐匿或拒不交予监考人员保管。

2）在考场内交头接耳、打手势、做暗号。

3）扰乱考场秩序。

4）携带小抄或偷看他人答题。

5）传递答案、抄袭或让他人抄袭等行为。

6）提前交卷后，在考场外大声喧哗。

7）未经监考人员许可，考试期间擅自离开考试位置。

8）其他应认定为作弊的行为。

（6）其他。若参加考试人员在考试期间确需去洗手间，应向监考人员举手示意。经监考人员同意，并与巡考人员取得联系的情况下，方可离开考试位置，在巡考人员的陪同下去洗手间。

4. 监考人员注意事项

（1）工作规则：

1）负责指定考场的监考工作，严格执行考试规章，确保考试工作顺利进行。

2）佩戴监考证件，考试前到指定地点参加考务会、考前准备会。

3）考试前30分钟进入考场，查验进场参加考试人员，对考试禁用物品集中收放，考前10分钟宣读考试纪律。

4）逐一检查参加考试人员的身份证件，核对姓名、照片，如有疑问需报告考务组处理并记录。

5）考试开始后，提示参加考试人员核对试题。

6）不得宣读试题，对试题内容不作任何解释。在参加考试人员对试题提出询问时，当众回答。不得为参加考试人员解答试题或暗示题意，不得在考场与参加考试人员私下交谈。

7）坚守岗位，在考场内巡视，不固定在一处或长时间站在参加考试人员的考位旁；手机务必保持关机；不得在考场内阅听文字和有声资料；不得交谈；不得抄题、答题或将试题传出考场；不得自行决定延长或者缩短考试时间。

8）制止与考试无关人员进入考场。

9）考试结束前15分钟，提醒参加考试人员剩余时间。每批次考试结束后，将考务用品、考场记录表交回考务办公室。

10）发现参加考试人员有违纪行为时，必须坚持原则，严格执行考试纪律，并将情况统一如实记入考场情况记录表，并经在场所有监考人员签字确认。

11）学习并按照《突发事件处置预案》的有关要求和职责权限，处置、报告突发事件。

（2）操作注意事项。

1）填写《考场记录表》，考试完毕后由第一监考员交考务组。

2）考场监控。开考后，第一监考员登录国网学堂管理员端，对照参加考试人员实际到位情况，监控参加考试人员登录情况，如发现实际未到场但在系统中已登录的参加考试人员，及时报告监督巡考组。如发现参加考试人员状态更新不及时，可刷新管理员端页面。

3）标记缺考。每场考试开始 30 分钟后，第一监考员执行标记缺考操作，并记录在考场操作记录表中。

4）换机授权。当参加考试人员登录后出现软硬件问题时，经排查无法解决，第一监考员执行换机授权操作，并记录在考场操作记录表中，执行后参加考试人员可在其他机位登录。

5）延长考试时间。如因设备问题个别延长考试时间，可选中参加考试人员执行延时操作；如因网络问题需整体或对超过 10 人延时操作，需请示考务组，在上一级页面选中考场，执行延时操作；延时操作需记录在考场操作记录表中。

6）警告、收卷、作弊或取消考试资格。"警告"后参加考试人员界面跳出提示页；"收卷"后参加考试人员无法作答，但已答部分有效；标记"作弊"后参加考试人员成绩置 0；考前取消考试资格，参加考试人员无法登录考试；考试期间取消考试资格，参加考试人员成绩置 0。

7）考试结束后，监考员运行"在线考试安全组件"［切勿运行"在线考试安全组件（自动答题）"］。

8）个别电脑出现断电、断网或死机情况，可在重启后重新登录，若问题仍存在，则执行换机授权。

9）如个别机位无法加载试卷，则重启电脑后重新登录；如大面积无法加载试卷，报告技术支持人员后等待处理通知。

10）如个别机位无法提交试卷，若考试还未结束，则重启电脑，再次登录，确认答案无误后提交；若考试已经结束，则先执行延时操作再重复上述过程；如大面积无法提交试卷，报告技术支持人员后等待处理通知。

11）告知参加考试人员若考试中反复提示"服务器连接异常"，应停止答题并报告监考员，排除故障后继续答题。

5. 巡考人员注意事项

（1）按时参加考务会和考前会。

（2）佩戴证件上岗。

（3）提前到位，认真履行各自职责，工作时不得闲谈议论。考试期间，至少间隔 15 分钟巡考一次。

（4）密切配合考务组人员工作，共同创造良好的考试环境。

（5）按照有关要求，处理考场相关事务（如陪伴和监督参加考试人员去洗手间，暂时替代监考人员，监督参加考试人员是否有作弊行为并报告等）。

（6）忠于职守，不得离开工作岗位，不得与无关人员进行交谈或进行与考试无关的活动。

（7）严格遵守保密规定，不得透露与考试有关的情况，不得接触试题。

6. 考场纪律（宣读用）

（1）参加考试人员在规定时间凭身份证进入指定考场，对号入座，并把身份证放在桌面左上角，以备检查。

（2）考试通过国网学堂考试系统进行，除蓝黑钢笔或签字笔外，参加考试人员不能携带其他任何物品进入考场。已带入考场的违禁物品须上交监考人员在指定位置集中存放。

（3）答题前按考试说明正确登录考试页面；待开考指令发出、屏幕提示开始答题后开始答题。

（4）在考场内应保持安静，不准交头接耳、打手势、做暗号；不准抄袭或让他人抄袭；未经监考人员许可，考试期间不准擅自离开考试位置；提前交卷后，不得在考场外大声喧哗。每位参加考试人员都有权利和义务检举揭发所发现的作弊现象。

（5）考试过程中，如出现电脑或网络存在故障，参加考试人员应立即向监考人员举手示意，由监考人员引导选手更换电脑或由技术支持人员解决故障。因设备或系统故障影响的考试时间由监考员在考试系统进行延时操作，予以补足。

（6）考试开始 30 分钟内，不能交卷离场。

（7）参加考试人员在考试期间确需去洗手间，应向监考人员举手示意。经监考人员同意，在巡考人员的陪同下去洗手间，并接受巡考人员的监督。

（8）参加考试人员在规定时间内，完成答案保存和提交，经监考人员查验无误后方可离场，离场后不得再次进入考场。

（二）专业技能考核实施要求

1. 考点要求

考点实行封闭式管理。建立健全安全保卫及消防制度,考核期间每日进行消防安全检查。建立健全学员公寓管理制度,规范公寓的安全管理、卫生清洁工作。建立健全卫生管理制度,取得食品卫生许可证,餐厅卫生管理符合国家有关规定标准。

考点要设考务办公室、保密室、监考人员休息室、医务室、参评人员问询处、茶水处、参评人员禁带物品存放处、车辆存放处等。

2. 实操考评要求

（1）考前准备。

1）主考:

a）主考员提前 1 小时召集考评人员、工作人员召开考前会。

b）检查考评人员、工作人员劳保用品的穿戴和胸卡的佩戴。

c）主考员宣读《考评人员职责》。

d）主考员宣布考评人员分组名单。

e）主考员宣布当日考评项目评分标准及有关注意事项。

2）工作人员:

a）工作人员提前 30 分钟召集应试人员开考前会。

b）检录应试人员,包括测体温、金属检测、查验身份证、签到等环节。

c）宣读《实际操作考核规则》。

d）安全员进行考前安全教育。

e）按花名册顺序点名并分组抽签,根据抽签结果排列各项目参评人员及入场的先后顺序。

3）考评员:

a）考评人员提前 30 分钟进入考核工位,熟悉所负责的考评项目,根据考评项目进入对应工位做考前准备。

b）领取考评项目所需技术标准、评分标准。

c）检查考评所需的总成件、零部件、消耗材料等。

d）检查本项考核所需的工具、量具等。

e）检查考评中所需的辅助设施。

f）各项检查准备工作完毕即向主考报告。

g）各考评小组准备工作完毕，主考宣布转入考评阶段。

（2）考评实施。

1）考评员在考评期间，必须佩戴职业技能考评员证，持证上岗，统一着装，服装整洁，言行举止文明礼貌，考评时佩戴安全帽，到位考评。考评期间不得携带、翻看手机等通信工具。

2）引导应试人员：所有应试学员一律在固定地点候考，现场工作人员按照考评顺序进行引导，到达考评现场，填写试卷相关信息后，候考。工作人员向考评员发放考评项目评分表。

3）考评员许可后，应试人员按照顺序进入考试现场，考评员逐一核对应考人员身份证、准考证和考试通知单进行验证，杜绝替考，对有疑问的应考人员会同其他考评员进行核对确认。

4）应考人员到达工位后，考评员对考评项目做简单介绍考评项目名称、内容及要求。

5）应考人员用 5～10 分钟的时间，检查设备、工具、材料等的准备情况，发现问题及时向考评人员报告，检查无误后汇报。

6）全部人员汇报后，考评员统一发布开始工作指令，进入考评计时，应考人员进行现场操作。

7）考评期间，考评员进行全过程到位监督考评，严格按照评分标准要求逐项测评打分，使用红色笔对扣分项明确标注扣分原因，合理进行扣分，独立完成各自负责的评分任务，相互之间不得暗示或沟通，认真填写考评记录并签名。

8）考评过程中，考评员监督参评人员的操作过程，及时制止操作过程中危及安全操作的行为。

9）在规定考评时间内，应试人员认为已按要求完成了考评项目并向考评人员声明后，可视为本考评项目结束。

10）考评时间终了，考评人员应立即宣布考评项目结束。应试人员应按安全操作规程立即停止操作，执意继续操作的应按考评不及格处理。

11）单项考评项目结束后，应试人员回到休息室等待下一项目考评或由工作人员带领到下一项目考评的指定地点。

12）考评对象有违纪行为，考评人员视情节轻重分别给予劝告、警告、扣分、终止考评、宣布成绩无效等处理，并将处理结果填写在考评记录上。

3．质量督导

（1）质量督导员应热爱职业技能考评工作，廉洁奉公、公道正派，具有良好的职业道德和敬业精神；熟练掌握职业技能考评理论、技术和方法；具备技师及以上职业资格或中级及以上职称。

（2）开展考评前会议督导。提前一天按时召开考评员会议，学习有关考评文件，文件内容有：宣读《考评人员职责》和《考评人员守则》。提出考评期间的有关要求，统一考评标准和考核尺度；组织考评员根据考评项目实地查看考评现场和设备准备情况，并提出改进方案。

（3）做好对考评现场的全过程检查，主要检查内容包括：

1）考评基地的考务方案内容是否完整齐全，考评时间安排是否合理、得当，考评人员分工是否明确具体等内容；应急预案编制是否完善，是否能够满足突发的紧急情况的需要，应急设备和材料是否齐备充足。

2）理论和实操场地是否符合考评要求，技术设备条件和培训考评设施是否齐全、完善，设备精度和培训功能是否满足考评需求；天气情况是否满足室外考评，环境温度和湿度情况是否满足绝缘试验等项目考评条件；现场安全防护措施是否全面、安全、可靠。

3）现场工作人员是否齐备，能否满足实训现场工作需要，检查实训场地设置警示标志和考评区域，是否设立安全保卫人员。

4）后勤保障和饮食卫生管理情况是否符合要求。

5）考场组织是否严谨有序，考评用卷使用规定试卷。

6）深入了解学员在培训期间的所反映的教学生活等各种内容。

7）在考评期间抽查应考人员的准考证和身份证情况。

8）检查考评员在考评期间的工作作风和考评情况，并提出督导意见。

a）在执行督导任务时，必须佩戴量督导员胸卡，衣着整洁，言行举止文明礼貌。

b）严格执行督导人员对其亲属、师生、师徒的职业技能考评回避制度。

c）签订"考评诚信责任书和考评质量责任书"。

第四节 考 评 准 备

本节主要依据现行管理办法相关规定，结合工作实际情况，按照考评流程逐项描述各环节准备要求。本节共包含人员准备、场地准备、资料准备、后勤准备四部分内容。

一、人员准备

（1）考评员、督导员选派，省公司评价中心负责根据需要选派，实训站做好考评员报到接待等工作。

（2）考务人员安排，按照分工安排配齐考务人员。

二、场地准备

（一）理论考场布置

（1）考场为标准教室，其门窗完好，门锁齐全，环境安静，整洁明亮，要便于管理，外人不得随意进出。

（2）每个考场容纳参评人员数量一般不超过 100 人，实行单人、单桌、单行。桌、椅要整齐完好，桌距一般不得小于 80 厘米，特殊情况下间距不满足要求的要设置隔离挡板。

（3）考场实行单人、单桌、安排。

（4）有严格的管理制度和考场纪律。

（5）考点、考室布置要干净整齐，考点要张贴考室分布图、考场规则、考试时间表、路标等。考点、考室布置完毕后要检查一次，然后封闭，等待考试。

（6）每一考场监考人员与参评人员数比例不低于 1:15，且不少于 2 人（其中 1 人为第一监考员）。应选聘作风正派、工作认真、纪律性强、健康状况良好的同志担任监考。监考人员分工在哪个考场监考，考试以前不得泄露，不得提前告诉监考人员。

（二）实操考场布置

1. 技能操作实训室

每个技能操作实训室应明确标识可开展的实训项目、考核要求及安全交底事项，并具有与实训项目对应的实训作业指导书、培训教材和题库等。

技能操作实训室内的实训工位要满足技能操作培训、技能竞赛、职业技能考评要求，工位设置数量不少于 4 个，工位间距应符合安全距离，但不得小于 1 米，各工位之间用符合安全标准的栅（带）状遮栏隔离，场地清洁。

技能操作实训室的每个工位可以同时作业，能满足 10～20 人同时进行技能培训的需求，考核期间不得相互影响，能够保证考核员独立考核。

技能操作实训室应有中长期发展规划。

技能操作实训室内的技能操作实训设备应与生产现场同步或适度超前,有条件地配备投影仪等现代化教学设备。

技能操作实训设备功能完备,布局合理,标识规范,实训设备状况维护良好,具备相应培训项目的培训要求。

技能操作实训室内的仪器仪表和工器具齐全、质量合格,摆放整齐、标识规范,符合技术标准规定。

技能操作实训室的培训设备设施和工器具有专人管理,管理制度完善。设备和工器具台账清晰,账、卡、物对应一致,定期维护检验记录完整规范。

技能操作实训室应符合《安规》技术要求,有可靠完善的安全防护措施。实训室安全标识齐全,具有现场培训安全遮栏或防护网,配有实训操作人身安全防护工器具。安全工器具定期进行检验,质量合格,无事故隐患。

技能操作实训室的消防设备齐全完好,灭火器材等配置达标。配置的应急灯和安全指示灯应完好,疏散警示标志位置正确醒目。

技能操作实训室内应有实训室简介、实训装置功能简介、指导培训师岗位职责、实训设备操作流程等上墙图版。

技能操作实训室周围环境整洁、优雅,没有经常性噪声或其他干扰源。

2. 室外技能操作实训场(区)

每个室外技能操作实训场(区)应有标识牌等明确标识可开展的实训项目、考核要求及安全交底事项(风险点及安全措施),并具有与实训项目对应的实训作业指导书、培训教材和题库等。

室外技能操作实训场(区)内的实训工位要满足技能操作培训、技能竞赛、职业技能考评要求,工位设置数量不少于4个,工位间距应符合安全距离,但不得小于1米,各工位之间能有效隔离,场地清洁。

室外技能操作实训场(区)的每个工位可以同时作业,能满足10～20人同时进行技能培训的需求,考核期间不得相互影响,能够保证考核员独立考核。能满足10～20人同时进行技能培训的需求。

室外技能操作实训场(区)应有中长期发展规划。

室外技能操作实训场(区)内的设备应与生产现场同步或适度超前。

室外技能操作实训设备应功能完备,布局合理,标识规范,实训设备状况维护良好,具备相应培训项目的培训要求。

室外技能操作实训场（区）内的标识规范，符合相关标准规定。

室外技能操作实训场（区）的培训设备设施和工器具有专人管理，管理制度完善。

室外技能操作实训场（区）应符合《安规》技术要求，有可靠完善的安全防护措施。实训区安全标识齐全，配有实训操作人身安全防护工器具。

室外技能操作实训场（区）内应有实训场简介、实训设备功能简介等图版。

室外技能操作实训场（区）的周围环境应整洁、优雅，没有经常性噪声或其他干扰源。

3. 答辩考场布置

考点提前准备 1 间教室或其他室内封闭场所作为答辩考场。答辩前一天，布置面试考场、候场区，准备好面试工作所需的各类文字材料、若干数量的 A4 纸张、签字笔、饮用水等。文字材料主要有专业技术总结、答辩所需的各类表格（答辩人员签到表、潜在能力答辩评分记录表等），张贴答辩考场分布表、考场标识和引导标识。

三、资料准备

资料准备包括：《考评手册–考评员版》、技能等级评价期次编号规则、准考证号编码规则、技能等级评价考评会议签到表、技能等级评价考评会议记录表、技能等级评价考评员安全和质量承诺书、技能等级评价考评员安全和质量承诺书、技能等级评价考评员诚信责任和保密承诺书、命题保密承诺书、技能等级评价专业知识考试签到表、技能等级评价考试成绩统计表、技能等级评价考评员评分表、技能等级评价考评报告、技能等级评价质量督导报告、技能等级评价专业技能考核试卷、评分表、专业技术总结评分记录表、潜在能力答辩评分记录表、国家电网有限公司技师评价申报表、国家电网有限公司高级工及以下等级评价申报表相关材料。

四、后勤准备

后勤准备工作可分为 9 个要点，9 要点内容如下所示：

（1）考点实行封闭式管理。

（2）建立健全安全保卫及消防制度，考核期间每日进行消防安全检查。

（3）建立健全学员公寓管理制度，规范公寓的安全管理、卫生清洁工作。

（4）建立健全卫生管理制度，取得食品卫生许可证，餐厅卫生管理符合国家有关规定标准。

（5）考点要设考务办公室、保密室、监考人员休息室、医务室、参评人员问询处、茶水处、参评人员禁带物品存放处、车辆存放处等。

（6）各场所（实训场地、多媒体教室、餐厅、住宿等）无事故隐患，并有必要的安全防护设施（如消防、安全遮栏，急救用品等）。基地内各考评场地、多媒体教室应设置监控设备，确保考评全过程可控，同时影像资料可导出归档。

（7）各类安全警示标志、安全宣传告示，如警告牌、围栏、警告标语等设置到位、醒目。

（8）考点、考室布置要干净整齐，考场外要张贴考室分布图、考场座次安排表、考场规则、考试时间表、路标等。考点、考室布置完毕后要检查一次，然后封闭，等待考试。

（9）建立并完善《应急处置预案》。

第五节　考评员管理

本节简要描述评价期间考评员的工作内容及工作要求。主要包括考评员报到、参加考务员会、现场查验、封闭命题、考评实施、提交报告六部分内容。

一、考评员报到

考评员要按照通知要求做好工作准备，按时到评价基地报到，后勤保障组人员负责做好报到引导和接待工作，考评员需服从评价基地管理制度，严格落实好保密要求。

二、参加考务会

考评员报到当天召开考务会，各工作小组参加，考务组提前确定考务会时间、地点，并通知各工作小组。会上考务组组长统筹安排本次评价工作，落实考务人员分工，安排后勤保障和治安保卫工作，并组织全员学习有关规定和要求，组织全员签订《安全和质量承诺书》和《诚信责任和保密承诺书》，命题专家签订《命题保密承诺书》。

三、现场查验

考评组报到当天考务会后，由考务组会同考评员熟悉考场布置，实地查看理论考场、实操场地、答辩室等场地布置情况，对现场进行验收，确保安全防护、场地布置和物资器具等项目满足评价要求。针对所设置的考评项目和考评标准内容，进行研讨，统一考评尺度和标准，提出改进意见。

专业技能考核项目评分标准修订完善：考评员根据现场查验情况，结合现场设备实际运行情况与考评项目明确要求，必要时可对评分标准进行调整完善。

四、封闭命题

专业知识考试命题。

《国家电网有限公司技师及以下等级评价工作规范（征求意见稿）》中要求技师等级专业知识考试中，从公司题库中抽取的题目总分值不少于 60 分，专家现场命题的题目总分值不少于 10 分。高级工及以下等级专业知识考试，可全部从国家电网公司题库及补充题库中抽取，也可加入专家现场命题。因此，考评员报到后，要现场进行封闭命题，国家电网公司专业知识题库仅作参考。

命题专家提前报到封闭命题，期间，由 1 名考务组专人负责做好生活支撑服务，未经命题专家组许可不得进入命题教室。命题结束后在至少两名命题专家监督下，由 1 名考务组专人提前 30 分钟将试题导入国网学堂。上述与命题工作相关的所有考务、命题人员均需签订保密协议，开考前命题人员不得离开命题教室，考务人员（与导入题库人员是同一人）不得参与专业知识考试相关的引导、入场检查、考场管理、监考等工作。命题完成后，将试题拷贝到专用移动介质存储，命题组专家清理有关电子文档，销毁有关纸质材料。

五、考评实施

按照考评方案，有序开展考评工作，确保考评工作顺利实施。考评员在开展考评工作时，须佩戴考评员资格证（胸牌），不得擅离职守。如有近亲属或其他利害关系人员参加评价时，应主动申请回避。

考评员参照评分标准，采取轮换制度和回避制度，独立完成评分任务，现场如有争议，由考评组长组织考评小组成员进行综合评定，考评成绩不得涂改。考评员进场后，除巡考组人员外，未经考评员许可，其他工作人员不得进入考场。考试过程中对参评人员违反考场纪律的情况应如实填入《考场记录表》，对严重违反考场纪律的参评人员，应及时报告巡视人员或考务组组长。严格遵守评价期间考评纪律。确保评价工作公平、公正。

六、提交报告

考评结束后，考评组长在规定时间内向评价机构提交考评记录和考评报告。

第六节 考 生 管 理

本节简要描述评价期间考生的工作内容及工作要求。主要包括考生考前会议、收集资料、熟悉场地等内容。

一、考生考前会议

（一）参评人员须知

参评人员按照通知要求准时报到后，评价基地相关负责人员组织考生召开考前会议。会议内容包括相关政策宣贯、考试时间、地点、流程、项目、分组安排等，评价基地管理规定、考场纪律要求、考评安全要求，考试注意事项等。要求按时参加考前会议，做好考前准备工作。

（二）参评人员安全管理

技能操作考评类项目，强调安全管控，确保人身安全、设备安全。考评现场严格执行《电力安全工作规程》，服从考评员及现场工作人员安排，按照生产现场"两票三制"及"三种人"管理规定，严格执行工作票签发及考评现场安全交底签字制度。

（三）防疫管理

评价基地根据疫情防控形势加强疫情防控宣贯，引导学员保持良好生活习惯，做好常态化疫情防控工作。

二、收集资料

参评人员需按照评价通知要求报到，并提前将个人上报资料按照规定要求进行整理、装订，报到时提交参评资料。

纸质版：

（1）技师评价申报表（2 份）：双面打印装订，一式两份，其中照片页应彩印；申报表经所在单位人资部门审核，每页均应由审核人签字并加盖人资部门公章。

（2）技师工作业绩评定表（1 份）：由业绩评定小组、所在单位人资部门签署，不能使用简单的"同意"或"符合要求"等内容，要有结论性评语；直接认定者无需提供本表。技师评价申报材料目录：doc 格式，申报单位、申报工种、申报范围应填写规范名称。

电子版：

（3）专业技术总结：doc 格式，正文内容中不得体现单位和姓名；字数不少于 2000 字。

（4）身份证复印件：pdf 格式，身份证正、反两面复印至同一页再进行扫描。

（5）工作年限证明：pdf 格式，由所在单位人资部门填写、负责人签字并加盖部门公章，然后进行扫描；工作年限应以整年计。

（6）申报条件证明材料：pdf 格式，晋级申报、同级转评须提供技能等级证书扫描件；直接认定者须提供相关竞赛表彰文件扫描件；职称贯通申报者须提供职称证书扫描件。

（7）获奖证书及业绩成果证明材料：pdf 格式，对应申报表中所取得的现技能等级后的主要工作业绩、主要贡献及成果等，逐项提供证明材料扫描件，部分盖章的业绩证明材料可合并扫描。

（8）其他支撑材料：如有其他需要补充的材料，可补充提供。

三、熟悉场地

参评人员按照考评日程安排，可提前熟悉各考评场所、考评工位、考评设备、考评项目等，熟悉场地期间要求参评人员严格遵守各考评场所的管理规定及设备仪器仪表使用规定，未经许可不能操作任何设施设备，防止误操作情况发生。

四、工作要求

（1）参评人员根据考评日程安排，凭准考证、身份证，经安检入场；

（2）按照各流程要求，正确着装参加评价；

（3）参评人员应自觉遵守考场纪律，严禁任何形式的作弊行为；

（4）专业技能考核环节，严格按照标准要求进行操作。

第七节　评　价　实　施

本节对考核流程实施各环节安排及要求进行了翔实的描述。主要包括安规考试、专业知识考试、专业技能考核、潜在能力答辩安排等环节。

一、安规考试

对于国家电网公司安全规程覆盖的生产、建设等专业工种，参加评价前须通过安规考试。考试采用网络大学机考闭卷方式，内容为国家电网公司发布的对应专业安规题库，题型为客观题，题量为 100 道，单选、多选、判断题比例为 5:3:2。考试时长为 60 分钟，满分 100 分，80 分及以上通过。

考务安排及要求参照专业知识考试进行，考试结束后当场公布考试成绩，成绩不合格者由考点通知参评人员返程。考点将考试签到表、考场记录表等过程资料存档。

二、专业知识考试

专业知识考试工作采用国网学堂机考方式，考试时长为 90 分钟，满分为 100 分，60 分及以上通过，考试题型为客观题。考试大纲为国家电网公司统一编制发布的相应工种的评价标准（技师及以下等级部分），重点考核与本职业（工种）相关的基础知识，对应等级的专业知识、相关知识，以及电力行业和公司新标准、新技术、新技能、新工艺。考试前将评价标准大纲下发给参评人员，留出一定的备考时间。考评员报到后现场进行封闭命题。

（1）专家封闭命题。此部分内容参考第五节封闭命题内容。

（2）考前安排。考点根据参评人员数量提前准备配置相应数量计算机的教室作为专业知识考试考场。考试前一天，完成考场布置、准考证号粘贴、软件设备调试等工作，准备好专业知识考试工作所需的各类文字材料、若干数量的 A4 纸、签字笔、饮用水等。文字材料主要有签到表、考场分布表、考场记录表等，张贴专业知识考试考场分布表、考场标识和引导标示。

（3）入场考试。监考人员提前 30 分钟到达考场，对参评人员进行测温、金属检测、验证身份证入场，组织参评人员签到，宣读《考试纪律》和注意事项。开考后 30 分钟停止入场，将缺考情况填入《考场记录表》。考试过程中对参评人员违反考场纪律的情况应如实填入《考场记录表》，对严重违反考场纪律的参评人员，应及时报告巡考人员或考务组组长。考试过程全程录像，结束后将视频资料存档。

（4）考试结束后，监考人员立即从后台核实机试情况是否无误，在监考、考务、巡考三方代表共同监督下，导出考试成绩并打印签字（监考、考务、巡考至少各有 1 人签字）。最后将考试成绩表、考场记录表、签到表、机试成绩表一并交考务办公室。

（5）阅卷工作，阅卷人员必须认真地理解、熟悉标准答案、评分标准，客观、科学、公正地阅卷、评分。阅卷过程中,任何人不得透露评分工作情况和技术细节问题;并有专人负责对试卷进行复查,对试卷成绩进行复核,及时纠正错判、漏判和评分尺度过宽或过严现象。

(6)考务组将考试成绩填入汇总表并做好校核。

三、专业技能考核

采用实操方式,内容为国家电网公司统一编制发布的相应工种操作题库,综合考虑考点条件、专业部门及考评专家意见,选取其中部分典型项目进行实操考核,其他项目内容纳入专业知识考试或潜在能力答辩范围。对于不具备实操条件的工种或实操项目,可在征得主管部门同意的前提下,向技能等级评价业务管理机构提出申请,采用技能笔试等方式代替。考虑实训条件限制,如有必要也可从省公司题库中选取,但所选项目应与国家电网公司评价标准中规定的某个职业功能相对应。在实际操作中可综合考虑项目难度、考察范围等将全部实操项目均分为两组,参评人员从两组项目中各抽取一组参加考核。单个项目满分100分,对于设置多个考核项目的总成绩取各项目的平均值,且各项目均超过60分方可判定通过技能考核。

1. 考核准备

考核前,完成考场布置、设备调试、故障设置等工作,准备好专业技能考核工作所需的各类文字材料、若干数量的A4纸、签字笔、饮用水等。文字材料主要有签到表、考场工位分布表、考场记录表、评分表等,张贴专业技能考核考场工位分布表、考场标识和引导标示。

2. 抽签及候考

考务组、全体参评人员参加。每个工种考核内容固定为两组实操考核项目,分别为A组和B组。

考务组提前安排教室作为候考室,准备抽签顺序(与实际报到参评人员人数相同)、若干乒乓球和1个抽签箱,乒乓球用记号笔写"组号–顺序号"。组号分A、B两种。顺序号为1至参评人员人数/2,进位法取整。A组第5号写作"A5"。

参评人员经过测温、金属检测、身份证核对、签到等步骤后进入候考室,不得携带手机等通信工具,否则视为作弊。抽签前首先履行工作票签发及安全交底签字制度,考务组再向参评人员讲解抽签规则,公示项目分组及编号情况。参评人员轮流抽签,将抽签顺序结果填到"抽签顺序结果确认表"中并签字确认,注意抽签过程中已抽取的签不要放回抽签箱,待全部参评人员抽签结束后再由考务人员统一将签放回箱内。

考务人员根据抽签结果安排参评人员参加考评。抽签结束后，候考室应至少留有一名考务人员，负责实操项目的参评叫号和引导工作。考点应建立候考室服务人员和考评现场服务人员的联系渠道（对讲机、微信群、电话等），抽签结束后，将抽签结果及时传递给考评现场服务人员。

3. 入场考核

每个技能实操项目安排考评员 3 名，设 1 名考评组组长，负责在现场组织协调考评现场各项事宜。

考评员须提前到达考评现场，对现场准备情况进行最后核对。每个考评项目设置一名引导服务人员，负责与候考室考务人员联系叫号、参评人员身份信息核对、组织试卷、评分表等资料签字发放等工作。

参评人员进入考场后，考评员作为实操现场安全第一责任人，首先检查参评人员安全防护用品穿戴是否符合要求，引导至指定的工位，考评员现场进行工作任务安排和安全交底、交代现场危险点和安全措施，组织填写实训现场作业危险点防护措施卡，确保每一位人员都知晓并准备完毕后，考评人员开始计时考评。

实际操作考核实行现场评分形式。考评人员应做好现场评分记录，按评分标准评判，独立评分，同时负责考评现场的安全监护工作，确保考评安全。考核结束，由考务人员核对、统计各项成绩。对于需要在完成现场操作后进行笔试的项目，考点应指定一名考务工作人员负责笔试监考工作，笔试完成后试卷或答题纸交由考评员进行评分。

考评员进场后，除巡考组人员外，未经考评员许可，其他工作人员不得进入考场。当日实操考核结束后，考评员和考务人员清理现场，整理好评分表等相关考评资料，考务人员统计成绩并录入系统。

考试过程中对参评人员违反考场纪律的情况应如实填入《考场记录表》，对严重违反考场纪律的参评人员，应及时报告巡视人员或考务组组长。

4. 成绩统计

考务组专人负责统分，对照专业技能考核评分表将成绩填入专业技能考核统分表，形成专业技能考核成绩，核对无误并签字确认后提交相应的专业技能考核考评小组，考评小组审核无误后填写评语，并进行签字确认，提交考务组汇总。

四、专业技术总结评分

申报人撰写能反映本人实际工作情况和专业技能水平的技术总结，技师不少于 2000 字，高级技师不少于 3000 字。技术总结内容包括主持或主要参与解决的生产技术难题、技术革新或合理化建议取得的成果，传授技艺和提高经济效益等方面取得的成绩。

专业技术总结评分前，考务组 2 名专人对参评人员进行编号，打印参评人员编号表并签字确认，并从参评人档案袋中抽取封面和正文分开的 3 份专业技术总结，对照编号表将人员编号写在正文第一页右上角，去掉封面。按照编号顺序整理并妥善放置保管，用于专业技术总结评分工作。专业技能考核结束后，考评小组对申报人的专业技术总结做出评价，满分 30 分，每组 3 名考评员独立打分，取平均分作为技术总结得分。

考点提前准备一间教室，将已编号的参评人员专业技术总结分组摆放，打印足量的专业技术总结评分表，放置足量的红笔和 A4 纸。评分工作开始后，考评组首先统一评分标准和尺度，然后各小组按照分工对参评人员的专业技术总结进行审阅和评分，将成绩填入专业技术总结评分记录表并签字确认，评分表右上角标注参评人员编号，评分表分数用红笔填写且不得涂改。评分工作结束后，考务人员对照参评人员编号表，将参评人员姓名、身份证号填到评分表上。

五、潜在能力答辩安排

潜在能力考核成绩由两部分构成。一是考评小组对申报人的专业技术总结做出评价，满分 30 分；二是对申报人进行潜在能力面试答辩，满分 70 分。潜在能力答辩每人 15 分钟，首先由参评人员就个人专业技术总结内容进行 3 分钟的口述汇报，然后采用"一问一答"的方式，由考评小组对参评人员现场提问 4 道答辩题目，参评人员口头作答，其中 2 道题目为国家电网公司专业技能考核操作试题所涵盖的内容，2 道为考评员结合参评人员专业技术总结进行的专业提问。潜在能力考核满分 100 分，60 分及以上通过。每个考评小组 3 名考评员须独立进行打分，成绩取平均值。

潜在能力答辩安排在技能考核后进行。潜在能力答辩满分 70 分。各考评员独立打分，取平均分作为参评人员成绩。

1. 考前安排

答辩前，考点提前准备答辩考场、候场区，准备好面试工作所需的各类文字材料、若干数量的 A4 纸、签字笔、饮用水等。文字材料主要有专业技术总结、答辩所需的各类表格（答辩人员签到表、潜在能力答辩评分记录表等），张贴答辩考场分布表、考场标识和引导标示。

考评组长组织召开潜在能力答辩考评会，全部考评员参会，会上统一商定各小组答辩方式方法、内容范围、评分规则等内容，统一各小组答辩难度及评判尺度。

2. 答辩准备

答辩当天，引导答辩人员进入候场区，组织人员签到，屏蔽手机信号并上交手机等通信设备，维持候场区秩序。答辩开始后，按照考评员叫号顺序由考务人员引导入场。答辩结束提醒参评人员离开考场，且不得在考场外逗留。答辩结束后清点回收考场各类资料。

考评组召开考前会，各考评小组组长抽签确定答辩室编号，按照抽签结果前往相应的答辩室等待参评人员入场。答辩分组安排应严格执行回避制，考评员不得对同一单位参评人员进行答辩，候考室考务人员依据考评员分组及答辩室安排，对参评人员分组情况作相应调整。

3. 答辩考核实施

（1）每个答辩室安排考评员 3 名，其中 1 名为小组组长。参评人员入场后简明扼要阐述技术总结主要内容，考评组每人对参评人员汇报情况进行评分，填入潜在能力答辩评分记录表，限时 3 分钟。

（2）考评组进行现场提问，共 4 道题目，逐一提问作答，每名考评员根据参评人员回答情况独立进行打分，填入潜在能力答辩评分记录表，时间不超过 12 分钟。

（3）考评小组汇总有关评分记录表，待全部答辩结束后统一将相关资料提交至考务人员。

4. 成绩统计

考务组专人负责统分，形成潜在能力考核成绩，核对无误并签字确认后提交相应的答辩考评小组，考评小组审核无误进行签字确认，提交考务组汇总。

六、考评总结

考务组专人会同考评组进行成绩填报和综合评审材料整理，安排好教室，准备好相关成绩表、统分表及申报材料。根据参评人员数量合理分配至每个考评小组，考评小组汇总各类材料，形成工作业绩评定、专业知识考试、专业技能考核、潜在能力考核成绩，各考评小组组长监督考评员在技师申报表中填入各项成绩，并按要求签字确认，同时填写技师评价成绩统计表。申报表和各类评分材料整理完毕后，按顺序装入档案袋中封存，一人一档，其中单项成绩均合格且总成绩满 75 分人员的材料单独存放，为综合评审做好准备。技师评价成绩统计表核对无误后签字确认，单独提交考务组专人进行统计。

技师综合成绩计算公式：

$$综合成绩=工作业绩评定×10\%+专业知识考试×20\%+$$
$$专业技能考核×50\%+潜在能力考核×20\%$$

考务组安排专人负责成绩统计工作，汇总录入各考评组提交的技师评价成绩统计表，确认无误后打印并签字确认，电子版报人才评价中心审核。

考评组组长会同考评组成员撰写考评报告，并向考点提出评价意见；考务组长召集全体考务、考评、督查巡考、后勤保障等工作组人员召开评价工作总结会，会上收集各阶段考评组对考场工作的意见，并提出对本场考试过程中发生问题的处理意见；会后将有关考评资料归档。

第八节　综　合　评　审

综合评审是对考生评价的全过程资料进行评审，由评价中心牵头，分工种成立综合评审组，评审全过程严谨、认真、公平、公正。

本节主要包括评审专家选聘、综合评审实施两部分内容。

一、评审专家选聘

综合评审组人数不少于 5 人，其中包含组长 1 名，参与综合评审专家应具有高级技师技能等级或副高级及以上职称。

二、综合评审实施

（1）召开综合评审会，组织评审专家进行评审规则学习，宣贯评审纪律、进行工作分工。

（2）资料评审，对参评人员的现工种、申报工种、工作年限、工作业绩及支撑材料、各环节考评结果等进行综合评价。发现现岗位与申报工种不符、岗位性质为管理类、工作年限不足等申报资格问题及材料雷同、造假等情况进行多人复核，一经核实一票否决。

（3）投票表决，组织所有评审专家逐一对参评人员采取不记名投票方式进行表决，三分之二及以上评委同意视为通过评审。

（4）填写评审意见，评审通过后，评审组长填写评审结果和意见。综合评审通过人员，由评审组长负责填写申报表"评审委员会评审意见"部分内容，意见填写参考"经评审委员会集体表决，该同志符合技师标准要求"，并准确记录评委人数、出席人数及表决情况。

（5）汇总评审结果，评审组确认无误后进行签字。

第九节　成绩统计上报

技能等级评价成绩统计工作是对技能等级评价成绩进行统计调查、统计分析、提供统计资料、统计咨询，实行统计监督，是技能等级评价结果主要参考依据。

成绩统计是技能等级评价结果管理的重要环节，成绩统计重点是要求统计结果真实、计算方法统一、上报程序做到有据可查。本节主要对技能等级评价成绩统计上报管理方面的内容进行明确，具体包括成绩统计要求、成绩审核、复核、上报以及履行必要的手续等方面内容。主要参考了《国网山东省电力公司技能等级评价管理规范》《国家电网有限公司技能等级评价管理办法》《关于印发〈职业技能等级认定工作规程（试行）〉的通知》（人社职司便函〔2020〕17号）等文件要求。

一、成绩统计内容

技能等级评价成绩统计包括《工作业绩评定成绩统计表》《技能等级评价专业知识考试成绩统计表》《技能等级评价专业技能考核成绩统计表》《技能等级评价潜在能力考核成绩统计表》《技能等级评价成绩汇总表》。

二、成绩统计要求

（1）统计表应精简明确，分类合理，避免模糊重复，统计项目、内容、口径和计算方法必须统一完整，相互衔接；原始统计表中成绩改动处要做签字说明。

（2）评价基地要固定专责人员如实、准确、及时地完成成绩统计录入工作，不得虚报、瞒报、拒报、迟报、伪报、篡改等。

（3）技能等级评价成绩统计后，现场统计人要对原始成绩进行签字确认，考评人员对成绩进行复核、确认后签字。

（4）评价基地应于评价考核结束后3个工作日内完成各项成绩汇总，评价基地负责人要对评价成绩汇总表进行审查、签字、盖章后指定专人报送相应主管部门。

第五章

技能等级评价实施管理

本章主要包含技能等级评价安全管理的有关内容，包括评价安全、项目过程监督、评价服务管理三部分内容，详细介绍了组织技能等级评价期间在实操考核、疫情防控、食品卫生、住宿、消防、信息安全等方面的注意事项和有关措施，作为评价安全管理的有关要求，对技能等级评价工作具有重要意义。

第一节　评价安全管理

技能等级评价贯彻落实"安全第一、预防为主、综合治理"的工作方针，执行"实训现场等同于作业现场"的安全理念，坚持"谁主管、谁负责"的工作原则。安全管理以防范化解重大风险、及时消除安全隐患为目标，防控各类重大安全风险，提升评价场所事故防范、风险管控和应急处置能力，压紧压实安全责任，持续提升安全管理水平。

一、现场安全

（一）安全管理要求

现场安全管理主要包含安全机制建设、现场操作防护、安全人员配备、安全设施设备和工器具管理等方面内容，考评现场的安全管理应符合公司安全工作规程和有关规定，具体内容如下。

安全机制建设：

（1）评价委托单位应与评价基地签订评价安全责任协议书。

（2）评价基地应制定评价现场安全管理制度和应急处置预案，定期修订并演练。

现场操作防护：

（1）进入考评现场的人员应正确佩戴安全帽，配备和使用个人防护用品。

（2）专业技能考核现场应正确办理工作票、操作票，现场设置"一板四卡"，认真执行现场勘查、安全交底、工器具检查、工作监护等各项要求。

（3）在评价实施过程中，明确全体人员的安全检查、安全监护以及协助处理突发事件的责任。

（4）针对安全风险较高的登高、带电类评价作业项目，应制定应急处置预案，在评价前对考生进行风险告知，专（兼）职安全员应始终在评价现场进行全过程监护。

安全人员配备：

评价基地设立专（兼）职安全员，定期组织开展评价场地、设备、仪器仪表、工器具安全检查，消除评价安全隐患。

安全设施设备和工器具管理：

（1）评价基地确保开展评价实施所涉及的场地、设备、仪器仪表、工器具符合安全工作规程要求。

（2）评价场所应配备视频监控系统，功能完善，确保考评全过程可监控。

（3）评价场所安全警示标识、应急逃生指示应齐全、规范。

（二）安全工作方案

评价基地应编制《安全保障工作方案》，包含工作概况、工作原则、组织机构、安全职责及分工、评价实施安全管理、安全保障要求等方面的要求，详述开展技能等级评价过程中所存在的风险点、管控措施、成员的安全职责等内容。

（三）安全应急预案

安全应急处置预案餐厅应急处置预案、理论考场应急处置预案、操作现场应急预案三大部分。

1. 餐厅应急处置预案

餐厅是聚集最为集中且人员发生各类事件的场所，考点对餐厅的各类防范措施必须完善，并能认真执行。餐桌不得密集摆放，用餐人员之间要装设隔断、要有明晰人员 1 米线标识。必须准备足够的消毒剂、酒精，测温消毒程序必须严格执行。全方位遵守卫生消毒，确保蔬菜肉食新鲜有迹可循。

因餐厅提供的食物问题导致的食物中毒事故，由发现者或餐厅管理员负责拨打 120 电话与医院联系急救，餐厅管理员、培训班负责人、财务人员应随车赶往医院陪同救治。基地负责人及时查封有问题食物，等候食品药品监督部门的取样化验。及时查询未出现中毒症状的学员，一旦发生异常及时送往医院救治。报告上级突发性事件处理领导小组，按照上级领导小组意见进行后续处理。

因学员误食有害食品导致的中毒事件，发现者及时向培训班负责人报告，培训班负责人应立即拨打 120 电话与医院联系抢救，同时查封中毒学员的有害食品，送往食品药品监督部门的化验。及时查询其他食用过或可能食用过有害食品的学员精神和身体状况，一旦发生异常及时送往医院救治。报告上级突发性事件处理领导小组，按照上级领导小组意见进行后续处理。

设备管理人员立即对现场布置进行必要的调整、调换或补充，防止后续就餐过程出现类似事件。

查清原因，考核相关人员，整改现场设备设施及管理流程。

2. 理论考场应急处理预案

网络机考前，网络管理员、培训班负责人、监考人员应提前做好考试准备。查看考试环境、电脑运行状态、网络连接情况，及时消除影响考试的各类隐患。在督导员、基地负责人的监督下，由监考人员在网大系统中导出 1 套或以上试卷，并打印成纸质试卷封存，交由档案管理员保管。考试开始后，若发现部分考生无法登录账号或网络断开，应及时查清原因，迅速恢复考生考试。

无法登录账号：核对登录账号无误，查看电脑是否有效连接网络服务器。如果能够有效连接网大服务器，则与网大管理员联系，核实账号的有效性。如不能连接网络服务器，首先为学员更换一台能够连接网大的电脑，然后该检查电脑终端安全认证系统、IP、驱动、网络连接线。

电脑无法上网：单台电脑无法上网检查步骤如上。全部电脑无法上网查看机房交换机电源是否开启、查看交换机是否开启、查看交换机网络信号是否正常。若网络交换机无联网信号，联系上一级网络管理员或网络运营商。

因断网将机考转为笔试：督导员、基地负责人、监考人员随同档案管理员取出已封存的纸质试卷和答题卡交由监考人员，在督导员和基地负责人的监督下，由监考人员开启试卷封条，分发给考生，保障考试正常进行。

试卷被盗、丢失、被私自拆启以及其他原因造成试卷泄密事件，基地应采取措施，保护好现场,应急处理领导小组应立即会同有关部门进行调查,并及时上报省应急处理领导小组。如确定试题并未大规模扩散,经上级批准,考试仍可以如期进行;考后查明失、泄密的,且已查明失、泄密扩散范围,经上级批准,由省应急处理领导小组报请中心同意后宣布在查明失、泄密扩散的范围内考试无效,并在此范围内启动备用试卷进行考试。

试卷保管期间遭受水、火灾致使试卷损坏,应急处理领导小组应视情况的严重与否作出保留或废弃决定。

考试期间,考场秩序混乱,出现大面积舞弊现象,督导员或巡考人员应及时报告省应急处理领导小组,基地按照省应急处理领导小组处理意见,配合工作组,封闭整个考点,更换并充实监考人员,必要时请求当地公安机关协助;登记问题考场和舞弊人员,查明事实,评卷时对问题考场的试卷进行分析研究,对雷同试卷按相关规定处理,或该考场试卷全部作废并对有关责任人按规定追究责任。

考生出现晕厥、中暑、危重疾病或受伤等事件,由基地医务人员进行初步诊断,能够就地救治的,安排就地救治。严重的及时送往医院抢救,若暴发传染病,基地应配合政府和防疫部门的工作,进行封闭、隔离或者采取政府和卫生防疫部门要求的其他措施,防止疫情扩散,基地应急管理小组逐级向各应急处理领导小组汇报情况,经批准做出停考、缓考或其他处理。

发生恐怖性事件时,应立即报警,请求公安机关协助,排除危险。及时疏散考生,关闭范围内的电源、水源。考点应急管理小组应及时向上级应急处理领导小组汇报情况,请求缓考或停考。

现场设备管理人员立即对现场布置进行必要的调整、调换或补充,防止后续操作过程出现类似事件。

查清原因,考核相关人员。

3. 操作现场应急预案

在操作过程中,考生出现晕厥、中暑、危重疾病或受伤等事件,由基地医务人员进行初步诊断,能够就地救治的,安排就地救治。严重的及时送往医院抢救,若爆发传染病,基地应配合政府和防疫部门的工作,进行封闭、隔离或者采取政府和卫生防疫部门要求的其他措施,防止疫情扩散,基地应急管理小组逐级向各应急处理领导小组汇报情况,经批准做出停考、缓考或其他处理。

发生恐怖性事件时,应立即报警,请求公安机关协助,排除危险。及时疏散考生,关闭范围内的电源、水源。考点应急管理小组应及时向上级应急处理领导小组汇报情况,请求缓考或停考。

发生学员触电、碰伤、摔伤等事件,现场工作人员及教师、考评员、督导员应立即对受伤学员进行必要的包扎或触电急救,稳定现场其他学员情绪,保持现场秩序,并同时将受伤学员状况报告给考点应急管理小组领导,视学员受伤严重程度,决定是否拨打120电话送医院抢救。

现场设备管理人员立即对现场布置进行必要的调整、调换或补充,防止后续操作过程出现类似事件。

查清原因,考核相关人员。

二、疫情防控

疫情防控管理主要包含人员管理、消杀措施、体温检测、个人防护等方面内容,具体内容如下。

(一)人员管理

(1)实行人员"双线管理"。"绿线"人员指公司系统员工或实训站常驻人员;"动线"人员指外部临时进入实训站人员。两线人员应分别佩戴不同颜色标识牌以示区分,两线人员交流时应严格佩戴口罩并保持足够安全距离。

(2)加强参评人员管理。参评人员必须佩戴口罩,出示身份证、《健康申报表》、"健康通行码",经体温检测正常后方可进入考场。

(3)参评人员、工作人员进入实训站后,实行封闭管理。进入考场后,参评人员在指定候考室候考,不得随意走动,且严禁外出。

(二)消杀措施

加强公共区域消杀。每次考试前重点对考场、桌椅、键盘、鼠标等喷洒消杀。加强考场、会议室等各类公共场所通风换气,对建筑楼外部公共区域开展两次喷洒消杀,楼内大厅、走廊、开水间、电梯间、楼道间、卫生间、拖布池经常性消杀,对垃圾桶要进行重点消杀,对电梯间按键、楼梯扶手、开水炉按键(开关)、卫生间水龙头、照明、空调开关、办公室门把手等重点部位擦拭消杀。

（三）体温检测

严格人员体温检测。在实训站大门口设置体温检测点，严格测体温、查验健康卡二维码（绿码）、佩戴口罩、签字登记。限制不符合防疫管控要求的人员进入。在考场入口设红外线测温仪监测体温，安排至少 1 名医护人员进行现场值守。要求参评人员佩戴口罩进入考场、会议区域，并自觉配合进行体温检测，发现体温检测异常等情况时，第一时间由医护人员带离测温现场。

（四）个人防护

严格现场个人防护。考场、等待区等现场全部配备速干手消毒液、一次性口罩等防护用品。全部工作人员须全程佩戴口罩等防护用品，每 3～4h 更换一次口罩，使用过的口罩放入医疗废物处置箱。

三、后勤保障

后勤保障管理主要包含食宿安全、信息安全、消防安全等，具体内容如下。

（一）食宿安全

严格执行食宿安全管理制度，严控食品采购加工过程，确保食品安全。宿舍卫生清理及时，被服按时更换，电器设备装有漏电保护装置，配置消防逃生面具。

（二）信息安全

严格落实网络安全管理要求，加强数据安全保护，确保不发生大面积信息系统故障停运事故、不发生恶性信息泄露事件。

（三）消防安全

严格落实各项消防安全措施，醒目标识疏散通道示意图和消防器材定制图，保证逃生通道畅通。

（四）其他安全

定期开展供水、供电、供气、供暖、电梯等基础设备设施运行检查，及时消除安全隐患。

第二节　项目过程监督

为做好技能评价项目过程的监督及管理，对考前准备、专业知识考试实施过程、专业技能考核实施过程，安全管理等进行现场督查，对评价基地总体管理情况进行定期督查，确保评价组织公平、公正、严谨、规范。评价环境安全、完备、规范。

一、现场督查

由人才评价中心选派督导员对技能评价项目的考前准备、专业知识考试实施过程、专业技能考核实施过程，安全管理等组织情况根据评分细则进行打分评价。

1. 考前准备情况

评价前组织召开考评会，具体布置本次考务工作分工，评价机构与督导员、考评人员签署安全和质量承诺书；会议签到完整、记录齐全。

考评会议后，考评员实地查验专业知识考试、专业技能考核、潜在能力答辩场地，根据需要对考评组织、场地布置等提出改进建议。

考场环境相对独立，考场内整齐干净、明亮并清空桌位，考场示意图，考场号、考生名单、座位号、考场规则告示等考场标志张贴规范、完整。

考场内布置考试名称条幅或字幕，设置视频监控等考场管理设备，考点设置投诉举报箱和举报电话，及时处理违规违纪行为。

2. 专业知识考试实施

命题区域实行全封闭管理，期间，使用专用移动存储工具，手机等通信工具不得带入，命题期间命题人员由考务专人负责统一联系并安排食宿。考试开始前，不得解除封闭，开考前半小时由专人引导两名命题人员将试题导入网大考试系统。与组织命题有关的所有人员均须签订保密协议。

管理人员召开考前会议，交代考务工作流程及要求，发放《考试纪律》《考场记录表》、监考胸牌等相关资料，并安排有关事项；监考人员按比例配备并佩证上岗（监考人员与考生配比不得低于 1:15）。

入场时，考生佩戴口罩，间隔一米左右排队测温并签到，监考人员查验考生身份信息、身份证，使用金属探测仪等工具检测物品携带情况，未带证件不得进入考场，手机、纸质资料等不得带入考场，查验合格后入场候考。

监控人员宣读考场纪律，按评价工作安排准时开考，迟到30分钟后的考生不得入场，开考30分钟后才能交卷退场。

监考人员认真履行监考职责，考场记录表填写完整规范，并严格查处违纪，考场内外人员保持安静、秩序良好，考试期间问题处理及时合理，确保考试顺利进行。

考试结束后，考务组专人将成绩导出，由监考、考务和质量督导三方共同签字确认。

3. 潜在能力答辩实施情况

考点提前布置好候考室、答辩室，候考室粘贴座次表（按答辩分组及编号顺序安排座次），至少安排2名现场服务人员。答辩室准备好答辩所需的各类材料、若干数量的A4纸、签字笔、饮用水等，每个答辩室至少安排1名现场服务人员。答辩考场分布表、考场标识和引导标示布置齐全到位。

考生全部进入候考室后，在考评组长共同监督下拆封答辩客观题目，由考评组长带至4个答辩考场。各考场考评员就位后方可开始答辩。

答辩开始前，工作人员引导考生进入候考区，组织对考生测量体温、金属探测、验证身份证，考生签到后按座次就座，不得携带任何通信工具。候考室服务人员维持好秩序，确保考前考后人员不接触，发现候考人员携带通信工具等作弊行为，及时严格处理。

答辩期间，考评员独立、公正评判，答辩交流不涉及考生单位、姓名等信息，不涉及与专业无关的内容。

考务组专人汇总专业技术总结和潜在能力答辩评分，审核无误后形成考生潜在能力考核成绩，填写相关统计表，并签字确认，成绩未发布前严格保密。

4. 安全管理情况

考评现场成立安全管理组织机构，考场设置安保人员，并制定《考场应急处置预案》。

考点严格落实常态化疫情防控措施，规范开展测温、消杀等工作，组织全员测体温、核验健康码和通行卡，签订疫情防控承诺书，考务组织过程全程佩戴口罩。

考评现场严格按照《安规》要求执行，实操现场实行工作票制度，履行安全交底手续，明确实操考核项目危险点、安全措施及应急处置方法。

考评现场安全工器具要按照规程要求进行检测，检测记录要存档备查，对检测不合格安全工器具进行更换。

理论考场外设置考场平面图，考场内安全警示标识要设置完善，确保考评场所消防设施完备、疏散通道通畅。

二、定期督查

人才评价中心根据评价基地管理办法要求定期委派督查小组对技能评价工作记录进行抽查，包括职业技能标准（或评价规范）及试题（题库）的执行情况、参加评价人员的资格条件、考场秩序、证书管理与发放，以及考评人员、管理人员工作情况、档案管理等。

督查小组对技能人才评价工作中的重大问题进行调查研究，向评价中心报告反映情况，并提出建议。

督查小组对群众举报的技能人才评价工作中涉嫌违规违纪情况进行调查核实。

第三节　评价服务管理

评价基地是评价工作的具体实施机构，为更好地服务于评价工作，确保评价有序实施，保证质量，顺利完成，评价服务应全面、细致。根据《国家电网有限公司技能等级评价管理办法》《国家电网有限公司技能等级评价基地管理实施细则》《国家电网有限公司技能等级评价基地评估验收标准》及有关规定，结合国家电网公司实际，制定评价服务管理细则。其中包含评价场地的布置、评价人员的食宿安排、考评相关资料的收取、整理归档、考评过程的配合服务以及后勤保障工作等。

一、评价前的准备工作

评价中心下发评价计划、人资部下发评价通知后，评价基地做好评价前的准备工作，编写考评手册、布置评价场地、准备工器具耗材、制作导引标志、打印各种表格等资料。

（一）编写考务实施方案，考评手册

（二）场地布置与购置耗材

（1）评价基地进行专业知识考试考场、专业技能考核考场、潜在能力考核考场的布置、整理。制作考场标志、引导、提示和警示标牌以及监考证、巡考证等证件的配置。

（2）理论考场需要提前调试电脑等设备，张贴座次表，准考证号码，悬挂横幅或者投影字幕。

（3）专业技能考核场地需设置围栏，配置考核所需工器具、耗材；潜在能力考核考场需

为考评员准备签字笔、A4 纸等相关物品。

（三）食宿安排与收费（见图 5-1）

（1）公寓服务人员根据学员报名表、考评员和督导员名单合理安排房间，办理入住手续。

（2）财务人员在学员报到时及时收费、开具发票和住宿明细。

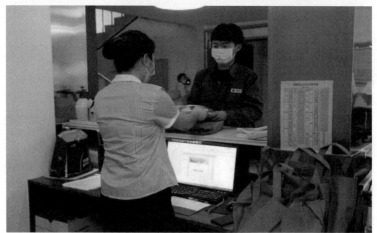

图 5-1　食宿安排与收费

（四）资料发放与收取

（1）报到时及时发放服务指南、考评手册等资料。

（2）报到时收取学员的申报表、工作业绩评定表、技术总结、工作年限证明等评价所需相关纸质资料。

（五）组织考评会

（1）评价基地负责人或专责人组织召开主考、督导员、巡考、考评员、考务人员参加的考评会。会议明确职责分工、具体要求、强调考评纪律、安全注意事项等，并组织抽签确定评价项目。

（2）组织考评会人员签署《技能等级评价诚信责任书》《技能等级评价保密承诺书》《安全和质量承诺书》。

（3）工作人员收取有关人员身份证复印件等信息。

（4）组织考评员、督导员熟悉评分标准。

（5）做好会议签到与会议记录。

（六）报到当天，组织参评人员进行安规考试

考评员监考，考试结束进行密封阅卷，考务人员进行成绩统计，80 分及以上及格，及格后方可参加之后的技能等级评价。

二、评价中的配合服务工作

评价基地应组织好评价工作过程中的实施管理，做好专业知识考试、专业技能考核、潜在能力考核及过程中后勤管理的全过程服务工作。

考评会后根据抽签项目打印考评项目评分表、考场记录表、考评报告、成绩汇总表等表格资料。考务人员对最终符合参评条件的人员上交的资料、评分表等进行编号。

（一）专业知识考试

（1）考务人员负责考前内网调试与保障支持。

（2）考务人员负责考场视频监控设备的调试与保障工作。

（3）考务人员负责参评人员考试现场的检录、签到、协助对号入座、现场服务等工作。

（4）考务人员负责考试过程中的技术支持，及时处理系统异常。

（5）考试结束后考务人员负责收集考场记录表，专业知识考试成绩统计表签字归档。

（二）专业技能考核（见图5-2）

（1）考务人员负责引导参评人员进入候考室，组织签到，维护候考室秩序。

（2）考务人员根据分组情况分别组织各组参评人员待考、身份信息核对、填写评分表的个人信息，组织试卷、评分表等资料签字发放。

（3）每组参评人员考核结束后，考评员分别为参评人员打分并签字确认，考务人员统一收集并进行分项目统计成绩。

（4）评价基地安全员负责考核现场的安全监督与管理。

图 5-2　专业技能考核

（5）参评人员考核结束后，考务人员负责引导参评人员离开考核现场。

（6）专业技能考核全部结束后，考评员对参评人员进行专业技术总结评分。

（三）潜在能力考核

（1）考评员抽签确定答辩室。

（2）引导参评人员到候考室进行签到、等候叫号，维护候考室秩序。

（3）按照考评员叫号顺序考务人员组织参评人员待考、身份信息核对、填写评分表的个人信息并引导参评人员入场。

（4）答辩结束后立即提醒并引导参评人员迅速离开考场，不得在场外逗留，并清点回收考场内各类资料。

（5）全部答辩结束后，考务人员负责收集考评小组有关评分记录表。

（6）考务人员负责统分，将专业技术总结评分记录表和潜在能力答辩评分记录表全部成绩填入潜在能力考核统分表，形成潜在能力考核成绩，核对无误并签字确认后提交相应的答辩考评小组，考评小组审核无误后填写评语，并进行签字确认。

（四）考评过程后勤保障

（1）负责制定本考点后勤保障组工作方案并组织实施。

（2）负责评价期间的水电保障工作。

（3）负责评价期间的安全保卫工作。

（4）负责处理突发事件及应急救援工作。

（5）负责维持考点、考场秩序，协助处理考点、考场突发事件。

（6）配置必要的药品和医疗用品，做好医疗服务保障工作，做好医疗防护应急预案及措施。

（7）安保人员负责考点车辆调度及停放工作。

（8）负责食宿保障。

（9）做好防疫保障。

三、评价后

评价基地应组织好评价工作结束后的服务管理，组织好封闭阅卷、成绩统计、综合评审的实施、各类资料的收集归档、评审结果的上报等服务工作。

（1）评价结束后，笔试项目的需组织考评员进行封闭阅卷。

（2）考务人员会同考评组进行成绩填报和综合评审材料整理，安排好教室，准备好相关成绩表、统分表及申报材料。各考评小组组长监督考评员在技师申报表中填入各项成绩，并按要求签字确认，同时填写技师评价成绩统计表。申报表和各类评分材料整理完毕后，按顺序装入档案袋中封存，一人一档，其中单项成绩均合格且总成绩达到规定分数（75 分）人员的材料单独存放，为综合评审做好准备。

（3）考评组长撰写考评报告。

（4）督导员撰写质量督导报告。

（5）技师评价成绩统计表核对无误后签字确认，考务人员进行成绩统计，汇总录入各考评组提交的技师评价成绩统计表，确认无误后打印并签字确认，电子版报评价中心审核。

（6）评价全部结束后，评价基地准备评审室，将参加综合评审参评人员的申报材料统一放置于评审室内，由综合评审专家组进行综合评审。

（7）组织召开评价工作总结会，考评组长提交考评报告，资料整理归档。

（8）汇总评审结果，对所有评价资料、申报资料按照统一标准进行整理归档、维护和管理。

第六章

技能等级评价结果管理

技能等级评价结果管理是技能等级评价工作的最后环节,是后续实施相关人才激励措施的重要参考依据。

本章内容主要依据《国网山东省电力公司技能等级评价管理规范》《国家电网有限公司技能等级评价管理办法》《山东省人力资源和社会保障厅关于开展社会培训评价组织职业技能等级认定试点工作的通知》(鲁人社字〔2020〕50号)、《关于印发〈职业技能等级认定工作规程(试行)〉的通知》(人社职司便函〔2020〕17号)等文件编写,内容包括评价结果的公示发布、证书管理、结果应用。

第一节 结 果 公 布

评价结果公布是评价实施管理的最后一道程序,本节内容主要包括技能等级评价结果确认、公示、发布等内容。

(1)评价结果经评价机构确认后,报评价主管部门审核,由主管部门组织公示。

(2)高级技师及以上评价结果由指导中心组织公示,技师及以下等级评价结果由评价中心或地市公司级单位人资部门组织公示,公示期限不少于5个工作日,公示范围可以为单位内部网站、微信公众号等媒体。

(3)评价结果接受各界监督意见,对有异议结果由主管部门进行落实,并按规定进行处理;经公示无异议,技师以下等级评价结果报公司人资部审核通过后,由评价中心按年度统一行文发布。

第二节 证 书 管 理

证书管理是技能等级评价实施的最后一个环节,其重点是证书编码必须严格采用国家标准,证书的发放必须做到有据可查。本节主要描述了技能等级评价证书的种类、证书编码规则、证书基本管理要求等内容。

(1)技能等级评价证书分技能等级纸质证书和电子证书。纸质证书与电子证书具有同等效力。

(2)国家电网公司按照人力资源社会保障部统一的编码规则和证书参考样式(编码示例、证书模板),制定并颁发技能等级纸质证书或电子证书。

职业技能等级证书编码由 1 位大写英文字母和 21 位阿拉伯数字组成,主要包括 7 个部分:① 评价机构类别代码;② 评价机构代码;③ 评价机构(站点)所在地省级代码;④ 评价机构(站点)序列码;⑤ 证书核发年份代码;⑥ 职业技能等级代码;⑦ 证书序列码。其中,第 1~4 部分由人力资源社会保障部门赋码,第 5~7 部分由评价机构赋码,具体表现形式见表 6-1。

表 6-1 证 书 编 码 构 成

序号	1	2	3	4	5	6	7	8	9	10	11	12	13	14	15	16	17	18	19	20	21	22
说明	评价机构类别代码	评价机构代码			评价机构(站点)所在地省级代码		评价机构(站点)序列码					证书核发年份代码				职业技能等级代码	证书序列码					
来源	人力资源社会保障部门确定															评价机构确定						

(3)编码从左至右的含义分别是:

1)第 1 位:评价机构类别代码。评价机构类别指用人单位和社会培训评价组织,分别面向本单位和面向社会开展职业技能等级评价,其代码分别使用大写英文字母 Y 和 S 表示。见表 6-2。

表 6-2 评 价 机 构 类 别 代 码

评价机构类别	代码标识
用人单位	Y
社会培训评价组织	S

2）第 2～5 位：评价机构代码。评价机构先行向人力资源社会保障部备案的，由人力资源社会保障部确定并赋码，代码使用阿拉伯数字，从 0001～9999 依次顺序取值；评价机构先行向省级人力资源社会保障部门备案的，固定取值 0000。见表 6-3。

表 6-3　　　　　　　　　　　　　　评 价 机 构 代 码

备案管理部门	代码标识
人力资源社会保障部	0001～9999
省级人力资源社会保障部门	0000

3）第 6～7 位：评价机构（站点）所在地省级代码。评价机构（站点）所在地省级代码取值见表 6-4。

表 6-4　　　　　　　　　　　　　　省 级 代 码 表

代码	名称	代码	名称	代码	名称
11	北京市	35	福建省	53	云南省
12	天津市	36	江西省	54	西藏自治区
13	河北省	37	山东省	61	陕西省
14	山西省	41	河南省	62	甘肃省
15	内蒙古自治区	42	湖北省	63	青海省
21	辽宁省	43	湖南省	64	宁夏回族自治区
22	吉林省	44	广东省	65	新疆维吾尔自治区
23	黑龙江省	45	广西壮族自治区	66	新疆生产建设兵团
31	上海市	46	海南省	71	台湾省
32	江苏省	50	重庆市	81	香港特别行政区
33	浙江省	51	四川省	82	澳门特别行政区
34	安徽省	52	贵州省		

4）第 8～13 位：评价机构（站点）序列码。评价机构（站点）序列码使用阿拉伯数字，由评价机构（站点）参保地省级人力资源社会保障部门统筹研究确定并赋码。

5）第 14～15 位：证书核发年份代码。证书核发年份代码使用阿拉伯数字表示，取公元纪年后两位。例如：19 表示证书核发时间为 2019 年。

6）第 16 位：职业技能等级代码。职业技能等级代码使用阿拉伯数字 1-5 表示。见表 6-5。

表6-5   职业技能等级代码

职业技能等级	代码标识
一级/高级技师	1
二级/技师	2
三级/高级工	3
四级/中级工	4
五级/初级工	5

7）第17~22位：证书序列码。

职业技能等级证书序列码使用阿拉伯数字表示，由评价机构按年度分职业技能等级分别从000001~999999依次顺序取值。

示例1： Y 0001 23 ××××××19 5 000001

第1位表示该评价机构类别为用人单位；第2~5位表示人力资源社会保障部赋予该机构的代码为0001；第6~7位表示该评价机构（站点）在黑龙江省；第8~13位表示该评价机构（站点）序列码，由黑龙江省人力资源和社会保障厅统筹研究确定并赋码；第14~15位表示该证书核发年份为2019年；第16位表示该证书职业技能等级为五级；第17~22位表示该证书序列码为000001。

示例2： S 0001 23 ××××××19 5 000001

第1位表示该评价机构类别为社会培训评价组织；第2~5位表示人力资源社会保障部赋予该机构的代码为0001；第6~7位表示该评价机构（站点）在黑龙江省；第8~13位表示该评价机构（站点）序列码，由黑龙江省人力资源和社会保障厅统筹研究确定并赋码；第14~15位表示该证书核发年份为2019年；第16位表示该证书职业技能等级为五级；第17~22位表示该证书序列码为000001。

示例3： Y 0000 11 ××××××19 5 000001

第1位表示该评价机构类别为用人单位；第2~5位表示评价机构先行向省级人力资源社会保障部门备案，固定取值0000；第6~7位表示该评价机构（站点）在北京市；第8~13位表示该评价机构（站点）序列码，由北京市人力资源和社会保障局统筹研究确定并赋码；第14~15位表示该证书核发年份为2019年；第16位表示该证书职业技能等级为五级；第17~22位表示该证书序列码为000001。

示例4： S 0000 11 ××××××19 5 000001

第1位表示该评价机构类别为社会培训评价组织；第2~5位表示评价机构先行向省级人力资源社会保障部门备案，固定取值0000；第6~7位表示该评价机构（站点）在北京市；

第 8～13 位表示该评价机构（站点）序列码，由北京市人力资源和社会保障局统筹研究确定并赋码；第 14～15 位表示该证书核发年份为 2019 年；第 16 位表示该证书职业技能等级为五级；第 17～22 位表示该证书序列码为 000001，见图 6-1、表 6-6。

职业技能等级证书

本证书由　XXX（评价机构名称）　颁发，表明持证人通过本机构组织的职业技能等级认定，具备该职业（工种）相应技能等级水平。

×××（评价机构名称）

发证日期：XXXX年 X 月 X 日

证书信息查询网址：http://jndj.osta.org.cn/
机构信息查询网址：http://pjjg.osta.org.cn/

姓　　名：_____

证件类型：_____

证件号码：_____

职业名称：_____

工种名称：_____

职业技能等级：_____

证书编号：_____

图 6-1　职业技能等级证书参考样式

注　1. 本证书格式仅供参考，评价机构可在保留上述内容信息的基础上自行确定证书内容信息。
　　2. 评价机构名称、印章应与人力资源和社会保障部门备案公布的名称一致。评价机构印章可使用本机构人事劳动保障工作机构代章。
　　3. 工种名称如无，请填写"—"。

表 6-6　　　　　　　　　　职业技能等级证书参考样式制作说明

序号	位置	内容	规格
1	边框居横排 A4 纸（210mm×297mm）满幅	粗实线	188mm×269mm，2.25 磅
2	左页上	证书名称	30 磅，华文楷体
	左页中	正文部分	16 磅，华文楷体，单倍行距
	左页下	网址部分	14 磅，华文楷体，单倍行距
3	右页上	个人照片	2 寸彩色（白底）
		二维码	30mm×30mm
	右页下	基本信息	16 磅，华文楷体，单倍行距

注　制作说明仅供参考。

（4）评价中心将评价数据报省人力资源社会保障部门审核后报国家电网公司评价指导中心，指导中心校对无误后报人力资源社会保障部。

（5）颁发的技能等级证书信息要纳入全国职业技能等级证书信息查询系统。

（6）纸质证书在制作过程中因误操作或由因证书本身质量问题而作废的，应做好记录，经证书核发部门批准后统一进行销毁或更换。同时，要加强空白证书的管理工作，严禁私制证书。

（7）技能等级证书要发放至被评价者本人，发放单位要建立健全证书发放档案。纸质版证书在发放时要登记造册，做好登记备案，发放时应由本人或由单位指定的人员签字后方可领取，领取记录要做永久存档保存。

（8）纸质证书要妥善保管，一般不可补办或重新办理。

第三节 结 果 应 用

技能等级评价结果应用情况是激发员工参与技能等级评价的内在动力，能有效提高员工参与技能等级评价的积极性，评价结果应用应做到公平、公正、公开。

（1）评价结果应用于薪酬调整、人才评选、职称评审和岗位晋升，并作为参加国家和行业职业技能等级认定的必要条件。鼓励各单位根据实际情况加大激励力度。

（2）评价结果适用薪档积分规则。级别高于原国家或行业职业技能鉴定等级者，按差额赋分；与原国家或行业职业技能鉴定等级持平者，不重复积分。

（3）根据地方政府相关规定，可申请技能提升补贴，并享受技能人才相关待遇。

第七章

技能等级资料归档

技能等级资料归档是保证技能等级评价档案的管理规范性的重要环节,通过对日常评价考务过程档案收集整理和归档,满足特殊情况下存在的对相关资料有借阅、查询、审核等临时需求。通过归档资料的查阅整理,也便于在后续优化技能等级评价过程中的各项细节工作中,提供过程资料数据的参考和分析。

本章包含档案管理要求和资料整理要求两部分内容。主要根据《档案法》《国家电网有限公司技师及以下等级评价工作规范》等文件进行规范的要求确定。

第一节 档案管理要求

为了规范技能等级评价档案的管理,评价组织实施机构及有关配合实施单位,要根据《档案法》《国家电网有限公司技师及以下等级评价工作规范》等。遵循文件的形成规律,保持文件之间的有机联系。整理档案的方法是编号分类法,步骤共有七步:第一步是收集,整理人需要将所有文件收集起来。第二步是筛选,整理人需要将收集的文件按照章程进行一定的筛选。第三步是划分文件的类别和级别。第四步是确定文件的保管期限。第五步是修缮文件的内容,整理人需要根据章程修缮文件缺失的内容。第六步是给文件编号。第七步是将文件装盒并且编制检索的目录。

考务档案包括:

(1)考务管理过程档案,包括记载考务实施过程的档案资料、试卷及工件。

(2)考试结果档案,包括记载合格人员成绩的表册及发证审批资料。

(3)考评人员档案。

(4)技能等级评价统计资料。

（5）证书管理资料。

技能等级评价组织实施机构应对下列日常评价考务过程档案收集整理并归档：评价申请资料（个人申报表）保存期限永久。考核方案、评价任务通知书、试卷清样、考评人员派遣使用资料、考场记录、评分记录、成绩汇总。组织开展质量督导的，应该保存现场督导资料。以上档案资料保存期三年。资料归档根据谁负责组织实施谁收集保存的原则，做到职责明确，衔接有序，互相佐证，采用上下联形式的，应分开保存。

阅过的考卷、答题卡应收集保存，保存期三年。考核工件应编号保存，保存期6个月；委托保存的，应办理相关委托手续，明确保存期限和要求。

评价实施单位要对考务资料收集归档，包括：评价公告、考前会议记录、报名人数、补考人员情况登记表、考场安排表、考场记录表、考试汇总表、考生用过的试卷（答题卡）、技术总结及评分表，保存期三年；各职业和等级的空白试卷保存两份，保存期三年；考试结果档案（合格人员成绩表册及发证审批资料）由负责备案的评价中心永久保存。

评价实施机构评估及年检资料由负责评估和年检的单位保存，保存期三年。技能等级评价统计报表，评价中心和人资部各留存一份，永久保存。档案资料按年度收集整理，编目归档。考务过程档案以时间为序按评价批次整理归档。评价机构设立自有档案室，指定内部相关部门和人员负责档案收集整理和归档，明确职责，归档时应查验档案的完整性。档案管理人员变动的，要办理档案移交手续。档案可以是书面形式记录的纸质资料，也可以是电子文档数据。以电子文档保存的数据档案应及时备份，并进行编号，要永久保存。

因业务原因需要借阅、查询档案的，必须履行必要的借阅手续，在主管领导和档案管理人员同意后方可借阅、查询，在借阅期间必须确保档案的安全，使用完后及时归还档案。质量督导人员因工作需要查阅考务档案的，评价实施机构必须提供，不得以任何理由拒绝和推托。保管期限到期的档案，可以登记造册，经批准后定期由保密部门销毁。未履行好档案保管职责，造成档案尤其是永久保存档案遗失、损坏的，擅自销毁未到期档案的，伪造涂改档案的，追究相关人员的责任，见表7-1。

表7-1　　　　　　　　国网××省电力公司技能等级评价资料归档目录

序号	分类	归档资料目录	保管期限	编号
1	评价筹备	技能等级评价方案、计划	3年	RD1-1
2		技能等级评价通知	3年	RD1-2
3		技能等级评价考评员抽调通知	3年	RD1-3

续表

序号	分类		归档资料目录	保管期限	编号
4	评价实施	人员报名	技能等级评价参评人员信息登记表	3 年	RD2－1
5		考评会议	技能等级评价考评会议签到表	3 年	RD2－2
6			技能等级评价考评会议记录表	3 年	RD2－3
7			技能等级评价考评员安全和质量承诺书	3 年	RD2－4
8			技能等级评价考评员诚信和保密承诺书	3 年	RD2－5
9			技能等级评价考评安排	3 年	RD2－6
10		专业知识考试	技能等级评价专业知识考试签到表	3 年	RD2－7
11			技能等级评价专业知识考场记录表	3 年	RD2－8
12			技能等级评价专业知识考试成绩统计表	3 年	RD2－9
13			技能等级评价专业知识考试试卷（导出）	3 年	RD2－10
14		专业技能考核	技能等级评价专业技能考核签到表	3 年	RD2－11
15			技能等级评价专业技能考核考场记录表	3 年	RD2－12
16			技能等级评价专业技能考核成绩统计表	3 年	RD2－13
17		潜在能力考核	技能等级评价潜在能力考核成绩统计表	3 年	RD2－14
18	评价实施	考评总结	技能等级评价考评员评分表	3 年	RD2－15
19			技能等级评价考评报告（专业技能和潜在能力考核）	3 年	RD2－16
20			技能等级评价质量督导报告	3 年	RD2－17
21			技能等级评价成绩汇总表	3 年	RD2－18
22			技能等级评价通过人员名单	3 年	RD2－19
23	个人档案	申报材料	技能等级评价申报表（初、中、高级工）	永久	RD3－1
24			技师评价申报表	永久	RD3－2
25			现职业资格（技能等级评价）证书复印件	3 年	RD3－3
26			工作年限证明	3 年	RD3－4
27			技师绩效等级证明	3 年	RD3－5
28			技师工作业绩佐证材料	3 年	RD3－6
29		考核材料	技能等级评价专业技能考核试卷、评分表	3 年	RD3－7
30			技师工作业绩评定表	3 年	RD3－8
31			技师技术总结评分记录表	3 年	RD3－10
32			技师潜在能力考核情况表	3 年	RD3－11
33			技师评价申报材料目录	3 年	RD3－12
34			技师评价胶装材料及排列顺序	3 年	RD3－15
35			技师申报人员综合情况一览表	3 年	RD3－16
36	电子档案		有关声像档案材料	5 年	RD4－1
37			有关电子文档	永久	RD4－2

第二节 资料整理要求

评价资料的整理是评价全过程的资料收集，必须保证资料的完整/系统/准确，能够反映评价实施的全过程。资料整理可分阶段整理，一是筹备阶段资料，二是评价过程资料，三是个人档案资料及电子材料，见表7-2。

表7-2　　　　　　　　　　资料整理要求

序号	分类		归档资料目录	资料整理要求
1	评价筹备		技能等级评价方案、计划	评价中心制定下发，各基地严格执行
2			技能等级评价通知	信息要准确齐全，勿变更格式
3			技能等级评价考评员抽调通知	信息要准确齐全，勿变更格式
4	评价实施	人员报名	技能等级评价参评人员信息登记表	信息要准确齐全，勿变更格式
5		考评会议	技能等级评价考评会议签到表	主考、巡考、考评员、质量督导员、考评辅助人员等人员签到
6			技能等级评价考评会议记录表	会议内容：考评分组、考务安排、纪律要求、抽签项目
7			技能等级评价考评员安全和质量承诺书	考前会考评员签
8			技能等级评价考评员诚信和保密承诺书	考前会考评员签
9			技能等级评价考评安排	考试组织安排、考试流程、考场纪律、实操安排、其他注意事项
10		专业知识考试	技能等级评价专业知识考试签到表	参评人员签字
11			技能等级评价专业知识考场记录表	监考人员、巡考签字，如实记录缺考、违纪、网络异常、考试延时等考场情况
12			技能等级评价专业知识考试成绩统计表	机考导出，汇总人、巡考、监考人员至少3人签字
13			技能等级评价专业知识考试试卷（导出）	机考导出，严格执行保密制度，出卷人、主考、巡考、质量督导员至少3人签字
14		专业技能考核	技能等级评价专业技能考核签到表	参评人员签字，不允许代签
15			技能等级评价专业技能考核考场记录表	考评员、巡考签字，如实记录缺考、违纪、等考场情况
16			技能等级评价专业技能考核成绩统计表	本项目所有考评员、汇总人员签字
17		潜在能力考核	技能等级评价潜在能力考核成绩统计表	本项目所有考评员、汇总人员签字
18		考评总结	技能等级评价考评员评分表	评价负责人评分
19			技能等级评价考评报告（专业技能和潜在能力考核）	考评组长会同组员填写：说明考试组织情况，参评人员掌握情况、评价项目改进、评价资源建设建议等
20			技能等级评价质量督导报告	如实据表评分，撰写督导报告

续表

序号	分类		归档资料目录	资料整理要求
21	评价实施	考评总结	技能等级评价成绩汇总表	信息要准确齐全，勿变更格式，汇总人、评价负责人签字
22			技能等级评价通过人员名单	上级下发文件
23	个人档案	申报材料	技能等级评价申报表（初、中、高级工）	一式两份，严禁变更格式，申报人据实填写，所在单位人资部门严格审核，填写推荐意见后盖章。评价完成后由评价基地保管。对于评价通过人员，申报表由评价中心统一组织盖章，一份交评价基地永久保管，一份交员工所在单位入档；对于评价未通过人员，申报表由评价基地保管 3 年后统一销毁
24			技师评价申报表	
25			现职业资格（技能等级评价）证书复印件	晋级评价和转岗评价时由申报人提供，如证书复印件、资格公布文件、联网查询截图等，需经所在单位人资部审核并加盖公章确认
26			工作年限证明	由所在单位人资部门填写，加盖人资部章
27			技师绩效等级证明	由所在单位人资部门填写，也可提供绩效系统的历年绩效等级评价结果截图，加盖人资部章
28			技师工作业绩佐证材料	申报人据实提供，所在单位人资部审核后盖章
29		考核材料	技能等级评价专业技能考核试卷、评分表	考评员如实评分签字确认、成绩改动处签字备注
30			技师工作业绩评定表	申报人据实提供，所在单位人资部审核后盖章
31			技师技术总结评分记录表	考评员如实评分签字确认、成绩改动处签字备注
32			技师潜在能力考核情况表	
33			技师评价申报材料目录	
34			技师评价胶装材料及排列顺序	
35			技师申报人员综合情况一览表	根据要求如实填写
36	电子档案		有关声像档案材料	评价基地负责的评价实施期间有关的声像证明材料
37			有关电子文档	与技能等级评价有关的所有电子文档

附录 A 技能人才等级评价对应表单

附表 A−1　　　　　　国家电网有限公司原技能等级评价对应工种定义

序号	评价工种名称	工种定义
1	送电线路工	从事送电线路架设、巡视、检修、测试、抢修、带电作业的人员
2	电力电缆安装运维工（输电）	从事电力电缆线路（输电）的施工、巡视、检修、测试、抢修、带电作业的人员
3	电网调度自动化维护员	从事电网调度自动化主站软件系统及硬件设备的监视、维护、调试、检修、更新改造及新系统建设的人员
4	变配电运行值班员	负责变电设备巡视，倒闸操作，故障应急处理，变电工作许可及安全措施设置，新、改、扩建工程验收和生产准备，设备日常维护和维护性检修，变电信息数据维护、状态评价和设备状态信息收集上报工作
5	电力电缆安装运维工（配电）	从事 35kV 及以下电力电缆的敷设、接头及终端安装、试验、故障测寻、运行维护与管理工作的人员
6	装表接电工	装表接电工为检查验收内线工程，安装调换电能计量装置及熔断器并接电，能分析、检查、判断设备运行的异常情况且能正确处理，能有精炼语言进行联系、交流工作的人员
7	变电设备检修工	从事变电设备检修维护，进行安装调试验收，使其安全质量得到保障的人员
8	配电线路工	从事 10（20）kV 及以下配电线路和配电设备的安装、运行维护、检修业务工作的人员
9	配电运营指挥员	从事 95598 工单处理、配电设备监测、配电业务运营管控工作的人员
10	配网自动化运维工	配网自动化运维工负责配电自动化主、分站设备建设与运维；负责 PMS 与红黑图绘制；负责配电设备缺陷异常、设备异动、调试验收工作，为电网可靠运行提供技术支持
11	高压线路带电检修工（配电）	从事 10kV 电压等级线路上及配电设备上进行带电检修、维护工作的人员
12	换流站直流设备检修工（一次）	换流站直流设备检修工（一次）题库包括换流阀及阀控、换流变、平波电抗器、交直流滤波器、阀水冷系统等直流专有设备内容。涉及高压直流输电基本知识，换流阀、直流断路器、直流分压器、光电流互感器等设备的维护、检修、检验、验收等工作
13	换流站直流设备检修工（二次）	换流站直流设备检修工（二次）题库包括直流设备巡视、直流分压器、光电流互感器、直流控制保护设备、光纤等直流专有设备内容。涉及高压直流输电基本知识，直流控制保护设备维护、检修、检测、验收等工作
14	电力调度员（主网）	电力调度员（主网）负责地区电网调度运行工作。组织、指挥、指导和协调地区电力系统的运行，依法对地区电网实施调度管理，指挥电网运行操作和事故处理
15	电力调度员（配网）	电力调度员（配网）负责配电网调控运行工作。组织、指挥、指导和协调配电网的运行，依法对 35kV 以下配电网实施调度运行管理，负责配电网集中监控、遥控操作，指挥配电网运行操作和事故处理，负责配电网调控专业管理
16	电网监控值班员	从事电网集中监控变电站运行监视、倒闸操作、电压控制、异常及缺陷处理、事故处理、信息接入验收等工作的人员
17	继电保护员	从事继电保护及自动装置工作的人员

序号	评价工种名称	工种定义
18	电网调度自动化厂站端调试检修工	从事安装、调试、维护电网调度自动化厂站端系统及设备的人员
19	农网配电营业工（台区经理）	农网配电营业工（台区经理）是贯彻落实"全能型"乡镇供电所建设工作要求，培育一专多能的员工队伍，提高乡镇供电所员工岗位技能和队伍素质，台区经理从事乡镇供电所网格化供电服务内台区运维采集、营销管理、客户服务及新型业务推广等工作
20	农网配电营业工（综合柜员）	负责乡镇供电所综合管理、所务管理、系统监控和分析等综合性工作和内勤工作；负责营业厅业务咨询与受理、供用合同签订、业务收费等工作；负责电费坐收、现金日解款及到账确认工作；负责电费票据领用、保管、使用、登记等工作；负责营业厅运营和设施维护，开展新型业务和缴费渠道宣传推广工作；负责档案室和客户档案室管理
21	高压线路带电检修工（输电）	从事在 10～500kV 电压等级线路上涉及变、配电设备进行带电检修、维护等工作的人员
22	无人机巡检工	操作无人机巡检系统巡视、维护、检修架空电力线路及附属设备，使其达到安全运行规定质量标准的工作人员
23	智能用电运营工	基于智能用电互动业务需求，从事用能管理、分布式电源接入、电动汽车充放电服务、智能小区互动化系统建设的人员
24	电力负荷控制员	从事电力负荷控制设备的安装、维护、检修和用电信息采集系统及采集设备的操作、运行维护的人员
25	架空线路工	从事架空送电线路基础施工、杆塔组立、导线和地线（OPGW）架设等工作的人员
26	电能表修校工	从事检定、检测电能表和互感器等计量器具的人员
27	电气试验工	从事电气设备试验工作的人员
28	换流站值班员	从事操作换流站设备，监视、控制其运行工作的人员
29	变电一次安装工	从事 500kV 及以下变电站（所）的变压器、隔离开关、断路器、母线等一次设备安装、调整的人员
30	变电二次安装工	从事安装、调整变电站（所）控制及屏、断电保护屏、仪表、交直流电源设备安装、调整以及及其二次回路接线的人员
31	用电监察员	从事客户侧用电设备安全检查服务。对违和约窃电用户进行查处。重要客户的管理，在重要活动中对客户侧供电保障提供支持。业扩报装流程的管理
32	抄表核算收费员	在电力销售中，对用户实施电能表抄表计费、电量电费核算、电价执行、收取电费和及时反馈用户用电信息的工作人员
33	用电客户受理员	通过服务电话或营业大厅对客户进行查询咨询、业扩报装、变更用电、故障报修、投诉举报等工作的用电服务人员
34	机具维护工	使用相关检测仪器、检修机具和诊断设备等对输变电工程机械主机、总成件及主要零配件进行诊断、维修和保养的人员
35	土建施工员	具备土木建筑专业知识，深入土木施工现场，为施工队提供技术支持，并对工程质量进行复核监督的基层技术组织管理人员
36	信息通信客户服务代表	从事信息通信业务咨询、故障受理、资源申请、需求收集、投诉建议等服务请求受理工作的人员
37	网络安全员	从事信息系统及网络基础设施安全运维工作（包括信息系统安全巡检及安全检测、系统加固、安全设备部署实施等）的人员

序号	评价工种名称	工种定义
38	发电厂运行值班员	从事发电厂运行值班、定期工作、联系调度、倒闸操作、巡回检查、事故应急处理等业务的人员
39	水泵水轮机运检工	从事水泵水轮机的运行维护、定期工作、巡回检查、技术监督、反事故措施排查及治理、检修技改等业务的人员
40	航检作业员	以直升机为平台,执行输电线路巡检、激光扫描、基建监察等任务的电力作业人员
41	物资仓储作业员	从商品入库到商品发送出库的整个仓储作业过程,主要包括入库作业、在库物资管理、出库作业以及仓库日常运行维护等内容
42	物资配送作业员	根据物资到货需求和供应商生产进度情况,编制和及时调整物资供应计划,规划建设快捷高效的配送网络,统筹运用主动配送、自主领用、供应商配送与第三方配送等方式,快速将物资送达的指定地点的操作
43	集控值班员	从事操作锅炉、汽轮机、发电机及附属系统,监视、控制其运行的人员
44	变压器制造工	使用工具、工装、设备进行变压器的绝缘材料加工、硅钢片裁剪与叠装、线圈绕制与组装、线圈组套装、引线组装、外部装配及干燥处理,以及使用测量工具、试验设备进行产品性能检测的人员
45	信息运维检修工	从事 IT 环境(包括服务器、存储、网络、安全等软硬设备)、业务应用系统和数据维护、检修及故障处理工作的人员
46	信息工程建设工	从事信息主机、网络、应用系统等信息化项目施工、建设、开发和项目管理实施工作的人员
47	信息调度监控员	从事公司信息系统的监控、调度,检修管理,故障处置与重大保障工作的人员
48	客户代表	通过电话、网站等方式提供电力客户服务的人员
49	带电检测工	在电力设备运行状态下,利用便携式检测仪器或设备,对电力设备状态量进行带电短时现场检测的人员
50	通信运维检修工	从事电力通信网络、设备、光缆线路和数据通信运维、检修及故障处理工作的人员
51	通信工程建设工	从事电力通信网、电力通信线路施工及工程建设实施工作的人员
52	通信调度监控员	从事通信网络值班,电力通信系统监控、调度,指挥通信网运行操作和故障处理工作的人员

附表 A-2　　　　××工种技能等级评价理论知识题库命题细目表

序号	评价范围			评价等级	理论知识	知识点		考核点		试题合计	拟出题数量		
	一级	二级	三级			序号	名称	序号	名称		单选题	多选题	判断题
1	基本要求	职业道德、基础知识	职业道德和基础知识下一级目录	共用试题	基本要求末级内容								
2	工作要求	工作要求中职业功能	工作要求中的工作内容	中级工	工作要求中相关知识要求								
3													
4													
5													

附表 A-3   技能等级评价理论知识题库修编工具

序号	评价范围			评价等级	理论知识	知识点		考核点		题型	题干（试题正文）	选择题备选项（试题选项）	正确答案（试题答案）	难度系数（难度）	判断题的正确陈述	依据出处	出题人	审题意见	审题人
	一级	二级	三级			序号	名称	序号	名称										
1										单选题				中					
2										多选题				易					
3										判断题				难					
4																			
5																			

附表 A-4   ××工种技能等级评价技能操作题库命题细目表

序号	职业功能	工作内容	适用等级	试题编码	试题名称	难易度	操作题型（√）	
							实操题	书面题
1			初级工	各等级从01开始顺序编码				
2			中级工					
3			高级工					
4			技师					
5			高级技师					

附表 A-5   ××工种××技能等级评价操作考核实操试题

考核项目名称			考核时限（分钟）	30、45、60、90、120、150
任务描述		对本项考试任务的简要描述，说明操作对象、需完成的任务		
考核要点及其要求		提炼本项实操题3～6项考核要点和要求		
评价基地要求	场地	本项考试对场地的要求。包括场地环境（教室/实训室/室外实训场）和场地基础设施（桌椅、投影、白板、照明、通风、电源等）		
	设备	完成考试所需专业设备和设施。按工位描述设备设施规格型号和数量		
	工具和材料	完成考试所需工具和耗材，包括名称、数量、规格型号等，过多可做概括性描述；完成考试所需图表、空白表单、资料等清单要求		
	危险点	在作业（或实训、评价）过程中有可能发生危险的地点、部位、场所、工器具以及作业行为和管理行为以及常见的习惯性违章等，是引发事故的主要因素		
	安全措施	安全措施：针对可能存在的危险点，提出安全防范的方法、措施		
	天气与着装	天气条件要求。考生、考官着装要求		
特情说明		列出其他所需说明的事项。如纪律要求、特殊计分规则、特殊情况处置方式等		

续表

评分标准					
否决项：若考生发生下列情况之一，则应及时终止其考试，考生该试题成绩记为零分					
1					
2					
3					
...					

序号	作业名称	质量标准	分值	扣分标准	扣分	得分
一、准备工作						
1						
2						
3						
...						
二、工作过程						
1						
2						
3						
...						
三、工作总结						
1						
2						
3						
...						
合计			100			

注　评分标准仅供参考，各单位使用时可根据自己实际情况调整使用。

附表 A–6　　　　　　　××工种××技能等级评价操作考核书面试题

考核项目名称		考核时限（分钟）	30、45、60、90、120、150
任务描述	对本项考试任务的简要描述，说明操作对象、需完成的任务		
考核要点及其要求	提炼本项实操题 3～6 项考核要点和要求		
给定条件	考生完成考试所需参考资料和条件。包括背景、初始状态、接线图、设备资料、场地情况、设计资料、合同资料等，但不得列出与"书面问题"无关的资料		
书面问题	要求考生回答或论述撰写的问题及其要求。考核内容应该有所限定，防止题意过于宽泛或过于笼统，使考生感到无从着手或无法准确作答		
参考答案及评分要点	每题给出参考答案或答案提纲，并指出要点和评分标准		

注　参考答案及评分要点仅供参考，各单位使用时可根据自己实际情况调整使用。

附表 A-7　　　　　　　　　评 价 基 地 设 立 标 准

指标分类		指标内容及要求
管理机构	负责人设置	有所在单位正式任命的专职负责人，负责基地管理协调工作
	管理人员设置	有至少 3 名专（兼）职管理人员，职责分工清晰，主要负责评价计划、考务、考评员、设备设施、财务、档案、医务、安全保卫等管理工作
	办公场所设置	有常设办公地点，面积在 15 平方米以上
管理制度	管理制度建设	有健全完善的规章制度（包括岗位职责和工作守则、财务管理制度、评价工作规程、考场规则、考生守则、监考人员守则、档案管理制度、操作规程或作业指导书等），有关管理制度张贴于醒目的墙（板）上，且执行认真，落实到位
场地管理	基本要求	考评环境相对独立，环境整洁、安静、安全；考区全封闭，设置专门警戒线（或标识），能有效阻止非应试人员未经同意进入考场
		考区标识规范齐全，各考场和考区门前应准确标识，路线提示和应急通道标志齐全，并在考区明示《考生守则》《考场安排表》、考场分布示意图和考试时间安排等，考场、考生、考评员等有关规章制度上墙
		加强评价场地定置管理，绘制区域分布图，涵盖理论（实操训）场所、办公场所、食宿场所等。考试采用全过程无死角视频监控记录
	理论考场	理论知识考试原则上采用"机考"方式，在网络教室或微机室进行，考试座位数不少于 30 个，座位间应有符合要求高度的遮栏及隔离措施；特殊情况下采用笔试方式时，考场应单人单桌，座位间距不小于 80cm
		考场内应写明本考场的工种、等级、考试起止时间等相关内容；考场示意图、考场号、考生名单、座位号、考场规则等考场标志张贴规范、完整
		座位号按准考证号码竖行编排，准考证号码贴在考桌右上角
		考场采用全过程无死角视频监控记录，室内不留杂物，不得出现可能涉及考试内容的张贴物
		考场监考和考生配比不低于 1:20，每个考场不少于 2 名监考人员
	实操考场	应配置与技能操作评价考试项目相匹配的设备、设施和仪器仪表，配备数量和功能应满足技能操作评价的需要，每个操作项目原则上不少于 4 个工位，考场区域设封闭硬质围栏
		各操作项目标识、工位号、安全操作规程、危险点、安全措施、考场规则等张贴规范齐全
		各项目操作区域应通风良好，光线充足，工作间距足够，各工位之间用栅带围栏隔离，互不干扰，并按项目需求设置不低于现场考试人员数量的开放式答题区
		预留学员候考区，候考区具备书写台、座椅，候考区不低于 8 个位置；预留现场考评人员考评区及服务人员工作区
		评价所需带电设备必须配备剩余电流动作保护装置并符合安全要求，接地良好；工作现场地面敷设绝缘板；各项安全防护措施符合实训项目及安全规程要求
设备及工器具管理	设备管理	有与授权的评价工种及等级相适应、符合评价规定、满足考核需要的评价设备，数量功能满足需求；设专人管理，建立设备管理制度和台账，明确实训设备检修维护周期，确保实训设备运行状态良好

续表

指标分类		指标内容及要求
设备及工器具管理	仪器仪表管理	有与授权的评价工种及等级相适应、满足考核工位需要的检测仪器、仪表，设专人管理，有专门的仪器仪表存放区域，建立出入库领用台账，并经定期检验合格
	工器具及材料管理	有与授权的评价工种及等级相适应、满足考核工位需要的工器具及材料，数量充足，有专门的存放区域，建立出入库领用台账，及时补充更新。严格按照规程要求对工器具进行定期检测，检测记录存档备查
安全管理	人员配备	配齐配强专（兼）职安全管理人员，落实安全管理职责，做好评价基地及实训过程安全管控及培训师和学员的安全教育
	安全管理制度	建立健全评价基地安全管理制度、措施及各项应急预案，编制实训课程的标准化作业指导书
	安全工器具	现场安全工器具配备齐全，并按规程要求检测合格，有规范的检测记录；明确安全工器具检定周期、存取管理、报废淘汰等管理要求
	安全监控	各培训场所配置专用监控设备，并接入安全管控平台或音视频管控系统，画面清晰，无监控死角
	消防安全	消防设施配备齐全，醒目标识疏散通道示意图和消防器材定制图，保证疏散通道畅通。评价基地理论教室及实训室、学员公寓、餐厅等场所，应配备齐全的消防设施，并及时检测更新，学员公寓原则上应装设烟感及配套报警装置，并定期进行消防安全检查
	安全警示标志	评价基地考评现场安全警示标识设置规范完善
	其他安全管理	认真执行现场勘察、安全交底、工作监护等各项要求；定期开展供水、供电、供气、供暖、电梯等基础设备设施运行检查，及时排查消除各类隐患
综合管理及后勤保障管理	档案管理	配备专（兼）职档案管理人员，有专门的档案存放区域，档案管理制度齐全，档案资料保存完整、规范，保管整齐，存放有序。电子档案健全，存在备份介质，能及时更新；保密管理规范，有档案查阅记录，借阅手续齐全
	财务管理	配备专（兼）职财务管理人员，有健全的财务管理制度，按规定进行各项评价费用收取、开票信息收集、发票开具等工作，严格费用管理、专款专用、账目清晰
	住宿管理	配备学员公寓专职管理人员，建立健全学员公寓管理制度，规范公寓安全管理，学员宿舍内物品定制摆放，宿舍卫生清理及时，被服按时更换，重点部位装有监控设备，确保学员住得安心
	餐饮管理	建立健全评价基地餐厅卫生管理制度，具备卫生许可证，餐厅从业人员必须取得健康合格证，并定期开展健康体检；操作间及餐厅内外环境整洁，食堂工具、用具、餐饮具严格清洗、消毒，严控食品加工过程，确保学员吃得放心
	医疗卫生	配备专（兼）职医务管理人员，配备常用药品及外伤急救用品，并及时进行过期药品清理更新。加强医疗服务管理，建立应急定点医院联系机制，保证医疗卫生应急事件处理效率
其他管理	其他方面	以上没有列明的其他评价基地应设立内容。主要包括信息公示栏设置（对规章制度、明令禁止的行为，考务管理人员照片、编号，评价信息、监督电话等内容进行公示，接受廉洁从业监督）及全封闭、安全保卫管理等

附表 A-8　　　　　　　技能等级评价基地申请表

技能等级评价基地

申　请　表

申请单位名称（盖章）：

申请单位负责人（签字）：

申请日期：　　　年　　月　　日

国网山东省电力公司人力资源部人才评价中心监制

一、基本情况

申请单位名称								
详细通信地址								
联系电话					邮编			
联系人					申请时间			
申请等级								
	姓名	性别	年龄	担任职务	学历	专业	参加工作时间	备注
管理人员配备情况								

二、考核场地、设施情况

申请考核等级			
职业标准要求考核项目	考核项目名称	考核性质	现有条件

	考核项目名称	所在地址	考核等级	面积（m²）
技能操作考核场地情况				

续表

考核项目名称	设备名称	规格型号	数量
技能操作考核设备情况			

	考核项目名称	设备名称	规格型号	数量
技能操作考核检测仪器情况				
技能操作考核工具情况				

三、需要说明的情况

对填报情况的说明	

四、审批意见

评价基地所属市 供电公司意见	 （盖章） 年　月　日
国网山东省电力公司 人力资源部意见	 （盖章） 年　月　日

填报注意事项：

1. 本表一式三份，申请单位、评价点所属市供电公司和人才评价中心各持一份。

2. 本表第二项"考核场地、设施情况"按等级分别填报。

3. 现有技能操作设施必须达到规范规定考核项目的 90% 以上，否则不予审批。

4. 本申请由国网山东省电力公司人力资源部负责审查、批准。